爱上 Processing

全新彩图第2版

STEAM & 创客教育初学指南

[美] Casey Reas　Ben Fry 著
陈思明　聂奕凝　郭浩赟 译

人 民 邮 电 出 版 社
北 京

图书在版编目（C I P）数据

爱上Processing ： STEAM&创客教育初学指南 ： 全新彩图第2版 / （美）凯西·瑞斯（Casey Reas），（美）本·弗莱（Ben Fry）著 ； 陈思明，聂奕凝，郭浩赟译. -- 北京 ： 人民邮电出版社，2017.6（2024.7重印）
ISBN 978-7-115-45439-3

Ⅰ. ①爱… Ⅱ. ①凯… ②本… ③陈… ④聂… ⑤郭… Ⅲ. ①程序设计 Ⅳ. ①TP311.1

中国版本图书馆CIP数据核字(2017)第095472号

版权声明

内 容 提 要

本书是Processing学习的入门书，从Processing简介、开始编程、画图开始讲起，循序渐进地讲解了Processing的各种功能，例如变量、响应、媒体、运动、对象等。本书由Processing语言的创立者所著，内容权威，语言通俗易懂，即使你没有任何Processing基础，也能轻松入门。本书目前已经更新到第2版，而且全彩印刷，内容更加精准权威。

◆ 著　　　［美］Casey Reas　Ben Fry
　译　　　陈思明　聂奕凝　郭浩赟
　责任编辑　魏勇俊
　责任印制　周昇亮

◆ 人民邮电出版社出版发行　北京市丰台区成寿寺路11号
　邮编　100164　电子邮件　315@ptpress.com.cn
　网址　http://www.ptpress.com.cn
　北京天宇星印刷厂印刷

◆ 开本：690×970　1/16
　印张：11.75　　2017年6月第1版
　字数：224千字　　2024年7月北京第21次印刷

著作权合同登记号　图字：01-2015-8772号

定价：59.00元

读者服务热线：(010)53913866　印装质量热线：(010)81055316
反盗版热线：(010)81055315
广告经营许可证：京东市监广登字20170147号

作者简介

Casey Reas是加州大学洛杉矶分校设计与媒体艺术系的教授。他的大量软件、印刷艺术品和装置艺术品在美国、欧洲和亚洲的各大博物馆与艺术展中展出。2001年Casey和Ben Fry共同创建了Processing。

Ben Fry是Fathom公司的负责人，该公司位于波士顿，是一家设计与软件咨询公司。他在麻省理工学院媒体实验室的美学计算组获得了博士学位，他的研究方向是结合计算机科学、统计学、图形设计以及数据可视化这些不同的学科，创造一种方式让人更好地理解信息。Ben和Casey Reas在2001年共同创建了Processing。

版本记录

英文版文章的字体由Tobias Frere-Jones和Cyrus Highsmith设计。代码的字体是TheSansMono Condensed Regular，由Lucas de Groot设计。显示的字体是Serifa，由Adrian Frutiger设计。

译者序1

在这个数字媒介的时代，Processing这样的开源软件对于艺术家和设计师来说有着突破性的意义。它超越了既定的商业游戏规则，让艺术家与设计师们可以更自由地使用计算机语言，利用计算机高速运算处理的性能去表现自己对于数字媒介的理解与创意。

我希望本书能帮助那些想要探索新媒介的设计师和艺术家，使他们对Processing这样一个优秀的平台有初步的认识。接触到更多的可能性，并提升探讨数字媒介的深度。

希望大家能结合Processing的官方网站http://processing.org/上的资源来拓展自己的知识。分享更多自己的习作可以去http://www.openprocessing.org/，也可以从上面获取灵感和养分。祝大家的Processing学习之路愉快！

在此，我要向在Processing学习之路上给予我帮助、支持和陪伴的朋友们深表感激和谢意：光光、vinjn、aaajiao，感谢你们！

郭浩赟

译者序2

初次接触Processing语言是通过《Getting Started With Processing》这本书也就是本书的英文版。它生动地展示了Processing语言的个性与魅力，让我直接感受到数据的美，原来数据可以如此直接、简单地创造出那样生动的线条与画面。我觉得它给我的最大收获是以轻松的方式将复杂的东西具体化，让我们能轻易触碰到它的本真。Processing语言是一种干净、纯粹、灵活的语言，可以让用户更好地发挥创意，减少许多重复性的工作。

本书是一本入门教材。不过，与其说它是一本“教材”，还不如说它是一位细心且懂你的“老师”，通过一个个例子带你走进丰富多彩的计算机图形世界。在这里你可以用创意画出许多飞翔的翅膀，用制图思想做出精美、具有强大交互功能的计算机图形与可视化作品。从基本的简介到如何绘制点、线、面和基本的几何形状，如何使用变量、函数来定义更加结构化和智能化的对象，再到如何读取外部文件与图片，如何用数学知识来绘制出精妙的曲线，以及如何设计基本的人机交互的方法，这些都能在本书里一一找到。

这个时代是网络的时代，更是一个数据的时代。如何在数据的海洋中探寻，如何将数据绘制成简单易懂的图形，如何使用人机交互来设计新颖的可视化工具，以便让我们更好地探索数据的规律，是这个时代的需求。这本书给我们指引了方向，让我们在数据的宝藏中探寻与发现。Processing是一把激发艺术灵感的钥匙，你可以轻易地在计算机屏幕中展现心中的艺术场景，感受更多灵感的涌现，在颜色与线条的海洋中漫步。

最后，由于译者水平有限，虽几经修正，难免有谬误之处，还请各领域的专家批评指正。翻译这本书的目的是希望中国更多的人了解Processing，并将其用于自己的行业和领域。

最后撰写一联，与诸君共勉，愿大家用好Processing，在数学与图形的计算机世界中展翅翱翔。

勾股相连，日月交辉，无限精妙皆存数里。

飞鸟凌空，山川如画，缤纷色彩尽在图中。

陈思明

译者序3

从初学美术开始，我便非常喜欢康定斯基。他在《点·线·面》一书中说，所谓构成，便是按照艺术法度对生命力的精确组织。在这个数字时代，形体美和形式感在设计软件的帮助下变得不再难以掌握，但图形的生命力却在比特空间中迷失，飘渺而难以捉摸。我常常觉得，即便是动画也很难赋予设计图形以灵魂，但Processing却做到了这件事情。它用短短的几行代码创造出图形，随后又让图形开始运动，再加上一些代码便可以让图形们自我学习，像自然中的生命一样生长、蔓延和改变。

设计师都是视觉动物，通常会被程序语言中抽象化的概念拒之门外，就像书中所说："在经历无数漫长而沮丧的夜晚之后就退缩了"。其实不应该这样去学习，设计师就应该从视觉的角度出发去理解程序。这正是Processing最显著的特点：它的一切结果都会以视觉的形式表现出来。Processing不会像其他语言一样甩给你一条陡峭的学习曲线，它会指给你一条小路，告诉你路边蜂飞蝶舞，只要你有发现美的眼睛便能创造出属于自己的风景。

我希望能够通过翻译这本书，让更多设计师了解并爱上Processing，发现编程的趣味。但由于水平有限，译文难免有谬误之处，敬请大家批评指正。

最后，希望大家能关注Processing的官方网站http://processing.org以及论坛http://openprocessing.org，随时关注动态，汲取灵感和养分。祝大家Processing的学习之路愉快！

交互设计师
聂奕凝

推荐序1

Processing是什么？你知道吗？在我看来Processing是一门让编程充满乐趣的语言。在生活中你往往会看到一些令你惊奇的、带有酷炫的视觉效果的作品，如电脑音乐播放器中那随声舞动的炫丽动画、各国博物馆墙壁上悬挂的一幅幅抽象艺术画，这些美妙神奇的作品都可以通过Processing来实现。

目前国内关于Processing的中文网站和技术论坛很少，相关的中文书籍和资料也不多，偶尔可以在网上搜索到几篇文章，但无法系统地学习它。在此书出版之前，估计大多数艺术创作者还在重复译者的劳动，大量的时间都花在了外文翻译上，很难专心研习Processing编程方面的技术，这大大降低了艺术创作者学习Processing的积极性，限制了Processing在我国的普及与推广。本书的出版将会给广大从事艺术创作的人员带来莫大的帮助。

此书全面讲解了Processing这种具有革命性的新兴计算机程序语言，从开始讲解Processing到基本语法，再到结合实例的高阶应用，由易到难、循序渐进，使读者通过一本书就可尽览Processing的全貌。此书是由Processing创始人Casey Reas 和Ben Fry编写的，我发现，书中对Processing各方面的介绍，不仅精简而且具有独特的见解。你读完每一章之后都会感觉收获颇丰，所讲内容也可以很快被应用到日常程序开发中。此书中选取的例子，也是精挑细选，完全考虑初学者的学习兴趣，力求通俗易懂。如果你能坐下来，花些时间专心研读它，并亲自动手实践，相信你很快就能掌握Processing，创作出具有视觉冲击感的交互式多媒体作品，想要获取更多关于Processing的信息，你可登录官方网站http://www.processing.org查找，不仅如此，它还可结合Arduino与传感器等硬件，创作出各种各样有趣的互动作品。关于Arduino硬件方面的创作，你可以登录Rebecca的博客http://blog.sina.com.cn/arduino或者阅读本书的姊妹书《爱上Arduino（第2版）》来学习相关内容。

要想学好一样本领，掌握一门技术，没有老师的言传身教，选择一本好书则显得至关重要，可以说本书就是一本介绍Processing的完美手册，如果你想进入互动编程艺术领域从事创作，这可是一本不可或缺的好书。

于欣龙
于哈尔滨工程大学

推荐序2

从2006年开始接触Processing，我当时非常兴奋。这种兴奋感并不只来自于Processing带来的许多成功项目的案例，更让我兴奋的是我可以用代码写出这些不可控图形。

简单、有效、大量的开源资源无疑是Processing在全球获得成功的因素。对于艺术家和设计师而言，快速的原型化设计的便利性使得熟悉了图形刺激的他们迅速爱上Processing。但是作为工具的Processing还是需要良好的使用习惯和对代码构成的理解才能运用自如。我们希望用Processing完成优美的项目，但是同时我们也需要其代码部分是优美且富有可读性的。优美的代码换来的是更多的开源资源、开源项目，代码质量直接决定了此项目在开源社群中的发展，严谨的、完善的代码结构会让你获得意想不到的结果。

对于不熟悉Processing的使用者来说，本书绝对是一部Processing入门的经典，它贯彻了Processing针对艺术家、设计师的理念，从他们的思路来理解Processing编码中遇到的各种问题，系统并明晰。当我们用50行代码完成一件无法手绘的图形时，别忘记本书教给你的东西，这50行代码是如此熟悉易读，它们真实记录了你的全部思维过程，请来享受这一时刻吧。

无论你之前是否使用过Processing，本书都将带给你新的感受和扎实的基础知识。无论之后你是否会坚持使用processing，本书提出的思维方式同样是值得借鉴和发挥的。

Processing带来的社会创新，从现在开始。

aaajiao（徐文恺）
媒体艺术家

目录

1 简介 …… 1

草稿化和原型化 …… 1

灵活性 …… 2

巨人 …… 3

家族树 …… 3

加入我们 …… 4

2 开始编程 …… 5

第一个程序 …… 6

示例2-1：画一个椭圆 …… 6

示例2-2：绘制很多圆形 …… 7

显示（Show） …… 7

保存和新建 …… 8

分享 …… 8

案例和引用 …… 9

3 画图 …… 11

运行窗口 …… 11

示例3-1：绘制一个窗口 …… 11

示例3-2：绘制一个点 …… 11

基本形状 …… 12

示例3-3：绘制一条线 …… 13

示例3-4：绘制基本形状 …… 13

示例3-5：绘制一个长方形 ······ 14
示例3-6：绘制一个椭圆 ······ 14
示例3-7：绘制椭圆的一部分 ······ 14
示例3-8：用角度绘图 ······ 16
绘图顺序 ······ 16
示例3-9：控制绘图的顺序 ······ 16
示例3-10：改变绘图的顺序 ······ 16
形状属性 ······ 17
示例3-11：设置描边粗细 ······ 17
示例3-12：设置描边端点样式 ······ 17
示例3-13：设置线段转折的样式 ······ 18
绘制样式 ······ 18
示例3-14：设置左上角起始 ······ 19
色彩 ······ 19
示例3-15：用灰度值绘图 ······ 20
示例3-16：控制填色和描边 ······ 21
示例3-17：用色彩绘图 ······ 21
示例3-18：设置透明度 ······ 23
自定义图形 ······ 23
示例3-19：绘制一个箭头 ······ 23
示例3-20：闭合图形 ······ 24
示例3-21：创造一些生物 ······ 24
注释 ······ 25
机器人1：绘制 ······ 26
4 变量 ······ 29
第一个变量 ······ 29
示例4-1：重用相同值 ······ 29
示例4-2：更改变量值 ······ 29
定义变量 ······ 30
Processing的变量 ······ 31
示例4-3：调整尺寸大小，看看会发生什么 ······ 31
一点小小的数学问题 ······ 32
示例4-4：基础算数 ······ 32
循环 ······ 33

示例4-5：重复做一件事 …… 33
示例4-6：使用for循环 …… 34
示例4-7：for循环的力量 …… 35
示例4-8：分散开的线条 …… 36
示例4-9：折角的线条 …… 36
示例4-10：嵌套循环 …… 36
示例4-11：行和列 …… 37
示例4-12：点和线 …… 38
示例4-13：网点 …… 38
机器人2：变量 …… 39

5 响应 …… 41

一次与永久 …… 41
示例5-1：draw( )函数 …… 41
示例5-2：setup( )函数 …… 41
示例5-3：全局变量 …… 42
跟随 …… 43
示例5-4：鼠标跟随 …… 43
示例5-5：跟随你的点 …… 43
示例5-6：连续绘画 …… 44
示例5-7：设置线条厚度 …… 44
示例5-8：使用easing …… 45
示例5-9：用easing做出平滑的曲线 …… 46
单击 …… 47
示例5-10：单击鼠标 …… 47
示例5-11：当没有单击的时候进行检测 …… 48
示例5-12：鼠标不同键位单击 …… 49
定位 …… 50
示例5-13：寻找光标 …… 51
示例5-14：圆形的边界 …… 51
示例5-15：矩形的边界 …… 53
类型 …… 54
示例5-16：检测按键 …… 54
示例5-17：绘制一些字母 …… 55
示例5-18：检查特殊按键 …… 56

示例5-19：用方向键移动 57
映射 57
示例5-20：将值映射到范围 57
示例5-21：用map( )函数做转换 58
机器人3：响应 59

6 平移、旋转和缩放 61
平移 61
示例6-1：平移位置 61
示例6-2：多重变换 62
旋转 63
示例6-3：沿角旋转 63
示例6-4：中心旋转 64
示例6-5：移动，然后再旋转 64
示例6-6：旋转，然后再移动 65
示例6-7：一个关节臂 65
缩放 66
示例6-8：缩放 67
示例6-9：保持描边一致 67
压栈和弹出 68
示例6-10：独立的变换 68
机器人4：平移、旋转和缩放 69

7 媒体 71
图像 72
示例7-1：加载图像 72
示例7-2：加载更多图像 72
示例7-3：鼠标控制图片 73
示例7-4：GIF的透明度 74
示例7-5：PNG的透明度 74
字体 75
示例7-6：绘制字体 75
示例7-7：在方框中绘制文字 76
示例7-8：在字符串中存储文字 77
图形 77

示例7-9：绘制图形 78
示例7-10：缩放图形 78
示例7-11：创建一个新的图形 79
机器人5：媒体 80

8 运动 83
帧 83
示例8-1：观察帧频率 83
示例8-2：设置帧频率 83
速度和方向 84
示例8-3：移动图形 84
示例8-4：循环 84
示例8-5：折返 86
补间动画 86
示例8-6：计算补间位置 87
随机 87
示例8-7：生成随机数 88
示例8-8：随机绘制 88
示例8-9：随机移动图形 88
计时器 89
示例8-10：经过时间 90
示例8-11：触发时间事件 90
圆周 90
示例8-12：正弦波形的值 92
示例8-13：正弦波运动 92
示例8-14：圆周运动 93
示例8-15：螺旋 93
机器人6：运动 94

9 函数 97
函数基础 97
示例9-1：掷骰子 97
示例9-2：另一个掷骰子方法 98
写一个函数 99
示例9-3：绘制猫头鹰 99

示例9-4：一对猫头鹰 …… 100
示例9-5：一个猫头鹰函数 …… 101
示例9-6：增加超多的猫头鹰 …… 103
示例9-7：不同尺寸的猫头鹰 …… 103
返回值 …… 104
示例9-8：返回一个值 …… 104
机器人7：函数 …… 105

10 对象 …… 109
域和方法 …… 109
定义一个类 …… 110
创建对象 …… 114
示例10-1：创建一个对象 …… 114
示例10-2：创建多个对象 …… 115
标签 …… 116
机器人8：对象 …… 118

11 数组 …… 121
从变量到数组 …… 121
示例11-1：许多变量 …… 121
示例11-2：太多的变量 …… 122
示例11-3：使用数组，不需要额外的变量 …… 123
创建数组 …… 123
示例11-4：给一个数组声明和赋值 …… 125
示例11-5：简化数组赋值 …… 125
示例11-6：一次性对整个数组赋值 …… 125
示例11-7：重新审视第一个例子 …… 125
循环和数组 …… 126
示例11-8：在一个循环里填入一个数组 …… 126
示例11-9：追踪鼠标移动 …… 127
对象数组 …… 128
示例11-10：管理多个对象 …… 129
示例11-11：一种管理对象的新方法 …… 129
示例11-12：图像序列 …… 130
机器人9：数组 …… 131

12 数据 …… 135
数据总结 …… 135
表格 …… 136
示例12-1：读取表格 …… 137
示例12-2：绘制表格 …… 137
示例12-3：29740个城市 …… 139
JSON …… 140
示例12-4：读取一个JSON文件 …… 141
示例12-5：从JSON文件读取数据并进行可视化 …… 142
网络数据和API（应用程序接口） …… 143
示例12-6：处理天气数据 …… 145
示例12-7：链式方法 …… 146
机器人10：数据 …… 146
13 延伸 …… 149
声音 …… 149
示例13-1：播放一个声音样例 …… 150
示例13-2：从话筒中听取声音 …… 151
示例13-3：创建一个正弦波形 …… 152
图像和PDF导出 …… 153
示例13-4：保存图像 …… 154
示例13-5：导出PDF …… 155
你好Arduino …… 156
示例13-6：读取传感器 …… 157
示例13-7：从串口读取数据 …… 158
示例13-8：可视化数据流 …… 159
示例11-9：看待数据的另一种方式 …… 160
附录A 编程小贴士 …… 162
函数和参数 …… 162
颜色映射 …… 163
注释 …… 163
大写与小写 …… 163
编程风格 …… 164
控制台 …… 164

一步一步来 …… 164

附录B 数据类型 …… 165

附录C 操作的顺序 …… 166

附录D 变量作用域 …… 167

1 简介

Processing是一门用来生成图片、动画和交互软件的编程语言。其思想是编写一行代码就能在屏幕上绘制一个圆形；增加一些代码，这个圆就可以跟随鼠标移动；再增加一行代码，这个圆形就可以随着鼠标的单击而变化颜色了。我们把这称为用代码来绘制草稿（sketching）。你编写一行代码，然后增加一些，再增加一些，就这么简单。其结果就是用一个个片段合成的程序。

通常，编程课程首先关注的是结构和理论。一切视觉的东西，例如界面和动画，都被认为是你吃完有营养的蔬菜之后的甜点，通常需要先花几周的时间来学习算法和方法。几年来，我们看到很多同学尝试着去选择这样的课程，但却在上完第一堂课或者在第一次课程作业截止日期前经历了一个漫长而沮丧的夜晚之后就退课了。由于从他们最初学习的东西中看不出这些技术能够创造什么，因此他们最初那种期待计算机能够为他们工作的好奇心消失了。

Processing提供了一种通过创造交互图形来学习编程的方式。教授编程的方法有很多，但学生们总是从即时的视觉反馈中获得鼓励和动力。Processing这种强调反馈的特性使它成为一种流行的编程教学方式。

它对于图像、草稿化和交互的强调会在接下来的内容中提到。

草稿化和原型化

草稿化（sketching）是一种思考方式：它有趣并且高效。它最初的目标是在短时间内激发更多的想法。在我们的工作中，我们通常从纸上画草图开始，随后把结果化为程序。关于动画和交互的想法通常用带标注的草图的形式被绘制在故事板上。在绘制了一些软件草图之后，一些最佳的想法会被选择出来整合成原型图（prototypes）（见图1-1）。这是一个在纸张和屏幕之间循环进行制作、测试、改进程序的编程过程。

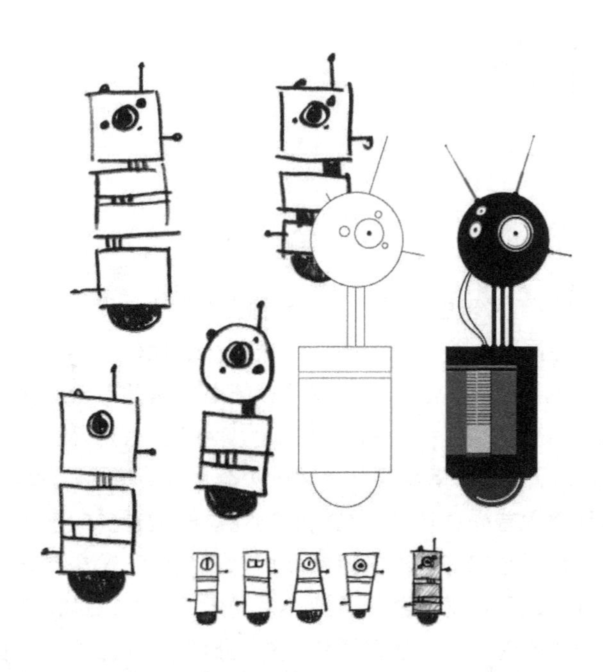

图 1-1　在从草稿到屏幕上的图像的过程中，新的可能性产生了

灵活性

Processing 像一个软件实用工具一样，它由很多功能不同的工具组成。

因此，它既可以用于进行快速的探索，也可以用于深入的研究工作。一个 Processing 程序可以短至一行，也可以长至数千行，这样就有足够的增加和变化的空间。Processing 有超过 100 个库，其应用范围甚至包括了声音、计算机视觉和数字制造（digital fabrication）行业（见图 1-2）。

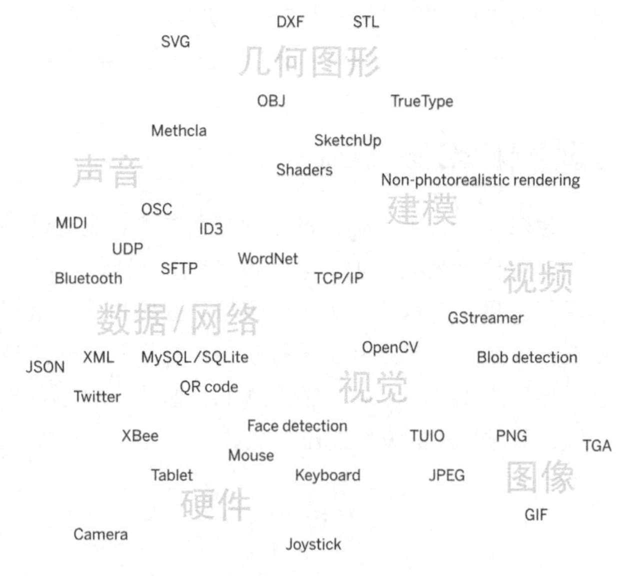

图 1-2　许多种信息格式可以在 Processing 中读入和写出

巨人

人们从20世纪60年代开始使用计算机来制作图像，在这段历史中，我们可以学到很多东西。例如，在计算机使用CRT或者LCD显示器之前，大量的绘图仪（见图1-3）被用于绘制图像。在生活中，我们都站在巨人的肩膀上。这些使用Processing的巨匠们来自设计、计算机图像、艺术、建筑、统计和其中的交叉领域。让我们看看Ivan Sutherland的Sketchpad（1963）、Alan Kay的Dynabook（1968），以及许多在Ruth Leavitt的*Artist and Computer*（Harmony Books，1976）一书中提到的艺术家。ACM SIGGRAPH和Ars Electronica档案提供了图形和软件方面的精彩回顾。

图1-3　1971年5月11日，Manfred Mohr在巴黎近代美术馆使用Benson绘图机和一台数字计算机绘制出一些图形（由Rainer Mürle拍摄，纽约bitforms gallery提供）。

家族树

程序语言就像人类语言一样，属于一个相关语系的大家族。Processing是Java语言的一个分支，它们的语法规则几乎是统一的，但Processing增加了与图形和交互相关的自定义特性（见图1-4）。Processing的图形元素又与PostScript（一种

PDF格式基础）和OpenGL（一种3D图形规范）相关。由于这些共有的特征，学习Processing也是一个学习其他程序语言和使用不同软件工具的入门级步骤。

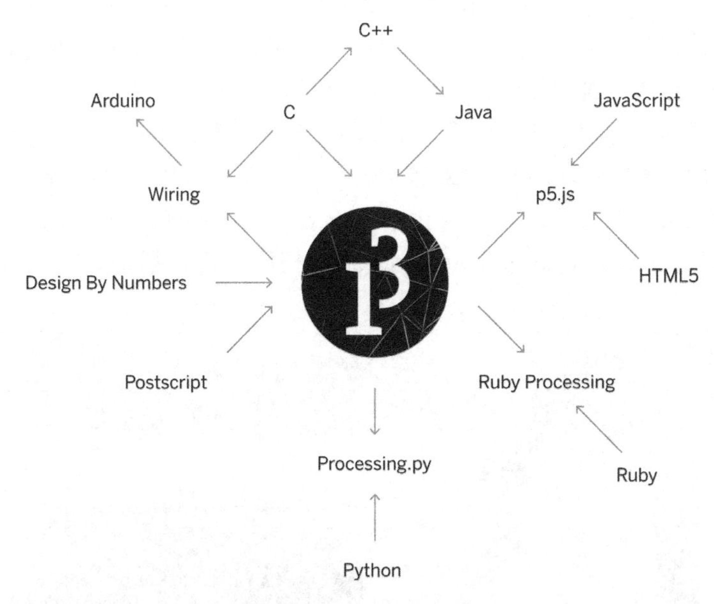

图1-4　Processing拥有一个庞大的相关语言和编程环境的家族

加入我们

成千上万的人每天都在使用Processing。像他们一样，你也可以免费下载Processing。你甚至有权根据自己的需求修改Processing的源码。Processing是一个FLOSS项目［即免费（Free）、自由（Libre）、开源软件（Open Source Software）］，并且在自由社区精神的指引下，我们鼓励你通过在Processing官网和其他很多包含Processing内容的社交网站上分享你的项目和知识参与进来。这些网站都有Processing官网的链接。

2 开始编程

为了从本书中获得最大的收获，你不仅需要阅读它，而且需要去实践和练习。你无法只通过阅读就学会编程——你需要亲手去做。下面就开始吧，下载Processing并制作你的第一个草稿吧。

访问Processing官网的下载页面，然后根据你的计算机系统选择Mac、Windows或者Linux版本。在计算机上安装十分简单。

- 在Windows系统中，你将下载一个.zip的文件，双击它，然后把文件拖到你硬盘中想要放置的位置。它可以是Program Files文件夹，也可以是桌面，但重要的是Processing文件夹应该能被正确解压缩，然后双击Processing.exe来开始安装。
- 在Mac OS X系统中，你将下载一个.dmg文件，双击它，把Processing的图标拖到应用程序文件夹。如果你是用别人的机器，不能修改应用程序文件夹的话，那么把它拖到桌面就可以了，然后双击Processing图标就开始安装了。
- 在Linux系统中，你将下载一个Linux系统使用者都比较熟悉的.tar.gz文件，把文件下载到你的home目录，然后打开终端，输入：

```
tar xvfz processing-xxxx.tgz
```

（将xxxx替换成文件名的其余部分，表示版本号。）创建名为Processing-3.0或者其他相似文件名的文件夹。然后进入那个目录：

```
cd processing-xxxx
```

然后执行它：

```
./processing
```

如果顺利的话，将显示Processing的主窗口（见图2-1）。每个人的安装都有些不同，所以如果程序没有开始运行，或者你在其他的地方卡住了，请访问为常见问题提供解决方案的页面。

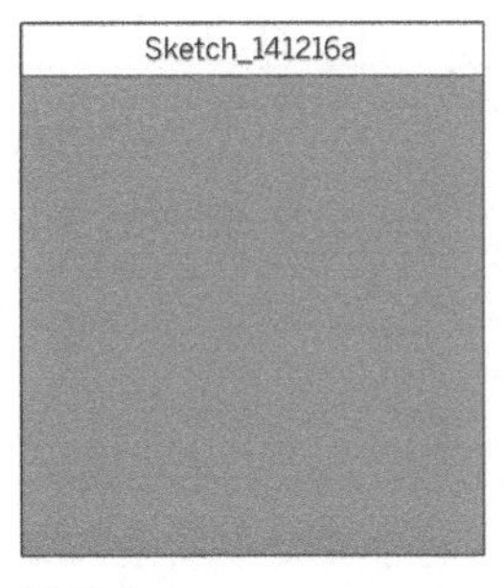

图2-1 Processing开发环境

第一个程序

你现在就在运行Processing的开发环境（Processing Development Environment，缩写为PDE）了。没有太多需要介绍的，最大的区域是文本编辑器，顶部有两个按钮，那是工具栏。在编辑器下方是消息区域，再下面是控制台。消息区域用于传递单行信息，控制台用于显示详细的技术细节。

示例2-1：画一个椭圆

在编辑器中输入以下语句：

```
ellipse(50, 50, 80, 80);
```

这行代码的意思是：绘制一个中心距离左侧50像素，距离顶部50像素，并且宽、高都是80像素的椭圆形。单击运行按钮（工具栏上有三角形图案的按钮）。

如果你的输入都正确，你将在屏幕中看到一个圆形。如果你的输入不正确，消息区域将会变红并提示有一个错误。如果出错了，首先应该检查一下，确保你把整个示例代码完整复制下来了：数字应该在括号之中，并且用逗号分隔开，一行代码末尾应当有一个分号。

编程的入门阶段最难的事情之一是你必须对语法非常熟悉。Processing软件没那么聪明，并非总是能理解你的程序指令是什么意思，并且会对标点符号的位置非常挑剔。稍加练习，你便会习惯的。

接下来，我们将要进入一个更精彩的草图案例。

示例2-2：绘制很多圆形

删掉之前的代码，试试这个。

```
void setup() {
  size(480, 120);
}

void draw() {
  if (mousePressed) {
    fill(0);
  } else {
    fill(255);
  }
  ellipse(mouseX, mouseY, 80, 80);
}
```

这个程序创建了一个长480像素、高120像素的窗口，然后在鼠标位置上绘制白色的圆形，当鼠标单击的时候，圆形的颜色变成黑色。我们稍后会对这个程序进行详细解释。现在，运行这段代码，移动鼠标，然后单击看看发生了什么。当草图程序运行的时候，运行按钮会变成矩形的停止按钮，当你单击它的时候会停止程序的运行。

显示（Show）

如果你不想使用这些按钮，你还可以使用草图（Sketch）菜单，它的快捷键是Ctrl-R(Mac上是Cmd-R)。显示（Present）选项会在运行当前草图程序的时候清空屏幕上的其他内容，只留下显示区域。你也可以在单击工具栏的运行按钮时按住Shift键来调用显示（Present）的功能（见图2-2)。

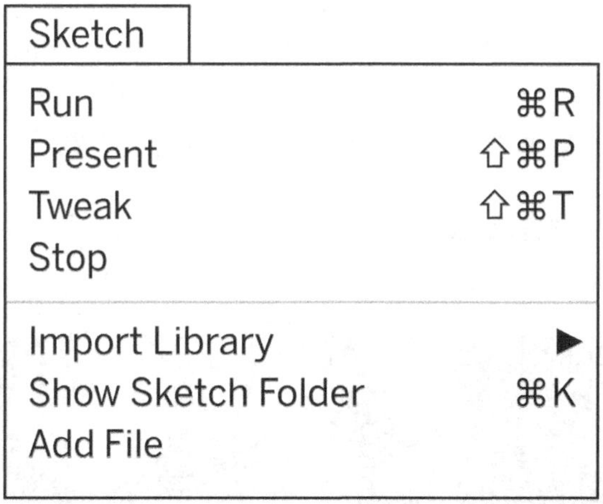

Sketch

Run ⌘R
Present ⇧⌘P
Tweak ⇧⌘T
Stop

Import Library ▶
Show Sketch Folder ⌘K
Add File

图2-2 一个Processing的草图程序用运行（Run）和显示（Present）选项来执行，显示（Present）选项会在运行前清空屏幕上的其他内容，做一个简明的展示。

保存和新建

接下来一个重要的命令是保存（Save），你可以在文件（File）菜单中找到它。默认情况下，你的程序会被保存在草稿本（sketchbook）中，这是一个为了方便调用而专门用来保存你的程序的文件夹。在文件（File）菜单中选择草稿本（Sketchbook）选项，调出你草稿本中所有的草图程序列表。

经常保存你的草图程序（Sketch）是一个好习惯。当你尝试不同的操作时，保存为不同的名字，这样你就可以经常回顾早期的版本了。当一些意外发生时，这会非常有用。你可以通过草图（Sketch）菜单中的显示草图文件夹（Show Sketch Folder）命令来查看这些草图在你电脑中存储的位置。

你可以通过选择文件（File）菜单中的新建（New）选项新建一个草图程序，这将会在独立的窗口中创建一个新的草图程序。

分享

Processing的草图程序天生就是用来分享的。文件（File）菜单中的导出应用程序（Export Application）选项将会把你的代码打包为一个独立的文件。导出应用程序（Export Application）会根据你的选择创建Mac、Windows和（或者）Linux程序。这样可以很容易地为你的项目创建一个独立的、双击运行的版本，并且可以全屏或者在窗口中运行。

当你使用导出应用程序（Export Application）命令时，应用的文件夹将会被清除并重新创建，因此如果你不希望程序被下一次导出覆盖掉，就应该确保文件夹被移动到其他位置。

案例和引用

学习如何去编程涉及探索很多代码——运行、变更、断点测试（breaking）以及改进，直到你把它重塑成新的代码。把这点记在心上：Processing软件下载包中包括了很多体现这个软件不同特征的案例。

下面打开一个案例，在文件（File）菜单中选择案例（Examples）列表，双击一个案例的名字就可以打开它。将这些案例通过它们的功能进行分类，例如表格（Form）、运动（Motion）和图像（Image）。在列表中找一个有趣的主题尝试一个案例吧。

本书中的所有案例都可以在Processing开发环境（Processing Development Environment）中下载和运行，通过文件（File）菜单打开案例，然后单击添加案例（Add Examples）来打开可下载的案例包列表。选择一个Processing案例包，单击开始安装（Install）来下载。

在编辑器中查看代码的时候你会发现，像ellipse( )和fill( )这样的函数语句与其他文本的颜色不同。当你看到一个不熟悉的函数时，选择那个文本，然后单击帮助（Help）菜单中的查找引用（Find in Reference）选项；也可以右键单击那个文本（在Mac上是Ctrl-click），然后在出现的菜单中选择查找引用（Find in Reference）选项，这将会打开一个网页来显示这个函数的引用。另外，你还可以在帮助（Help）菜单中选择引用（Reference）选项来查看完整的软件文档。

Processing的*引用文档*（*Reference*）用描述语句和案例解释了每一个代码元素。引用文档（*Reference*）中的程序都非常简短（通常只有四五行代码），并且比案例（Examples）文件夹中的大段代码更容易理解。我们建议当你在阅读本书以及编写程序的时候打开引用文档（*Reference*），它可以按照主题或按字母顺序的方式进行导航，当然有时候在浏览器中搜索文本会更加迅速。

引用文档（*Reference*）是为初学者而设计的，希望我们已经让它足够清晰并且易于理解了。我们十分感谢在这几年里指出错误并报告给我们的人，如果你可以帮助提供某个引用或者找到某个错误，请通过单击每个引用页面最顶部的链接告诉我们。

3 画图

最初，在计算机屏幕上画图如同在绘图纸上作画。开始，这是一个细致的技术活，但随着新理念的出现，它逐渐从最简单的用软件绘制基本图案发展到制作动画并且引入交互。不过在我们实现这一步跨越之前，我们必须从头学起。

计算机屏幕是由一个个叫作像素的发光元素组成的网格，每一个像素都有一个在网格中由坐标表示的位置。在Processing中，*x*轴是以屏幕窗口左边为起点开始定义的，而*y*轴则是从上面的边开始定义的。我们把像素的坐标写成如下形式：(x,y)。这样，如果屏幕是200像素 ×200像素的，那么左上角的点就是（0,0），中心点就是（100,100），然后右下角的点就是（199,199）。这些数字看起来可能有点让人迷惑：为什么我们计算是从0~199而不是从1~200呢？答案在代码中可以找到，我们通常从0开始计算是因为这样设置为我们后面需要的计算提供了方便。

运行窗口

创建窗口或者在窗口中绘制图像都是由被称为函数（function）的代码元素来完成的。在Processing的程序中，函数是最基本的组成部分。函数的行为通过它的参数（parameter）来定义。例如，几乎每一个Processing程序都有一个size( )函数，用来设置运行窗口的宽度和高度（如果你的程序中没有使用size( )函数，那么窗口大小会默认为100像素 ×100像素）。

示例3-1：绘制一个窗口

size( )函数有两个参数：第一个设定窗口的宽度，第二个设定窗口的高度。如果要画一个宽800像素、高600像素的窗口，输入：

```
size(800, 600);
```

运行这行代码来查看结果，然后试着修改数值来看看会变成什么效果。尝试一些很小的数字以及超过你屏幕尺寸大小的数字。

示例3-2：绘制一个点

为显示运行窗口中的单个像素点，我们使用point( )这个函数。它有两个参数来定义一个位置：先是*x*轴，然后是*y*轴。画一个小窗口并且在窗口屏幕中心（240,60）的位置上绘制一个点，输入：

```
size(480, 120);
point(240, 60);
```

试着写一个程序，在运行窗口的每一个角上和中心都绘制一个点。试着把点连起来，绘制成水平线、垂直线或者对角线。

基本形状

Processing有一组专门用于绘制基本图形的函数（见图3-1）。像线条这样的基本图形可以被连接起来创建更复杂的形状，例如一片叶子或者一张脸。

为了绘制一条直线，我们需要4个参数：两个用于确定初始位置，另外两个用于确定结束位置。

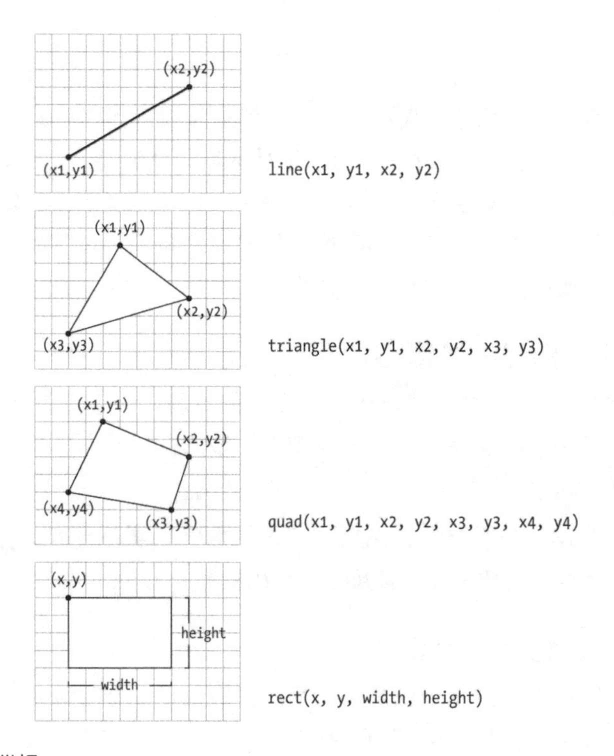

图3-1　形状与坐标

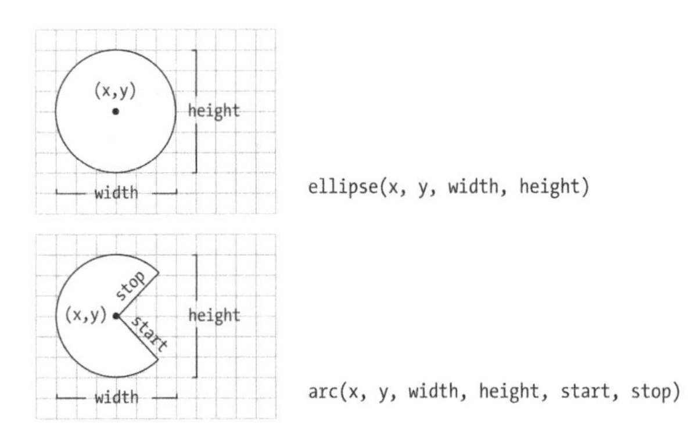

图3-1　形状与坐标（续）

示例3-3：绘制一条线

画一条从（20,50）到（420,110）的线，试试这个。

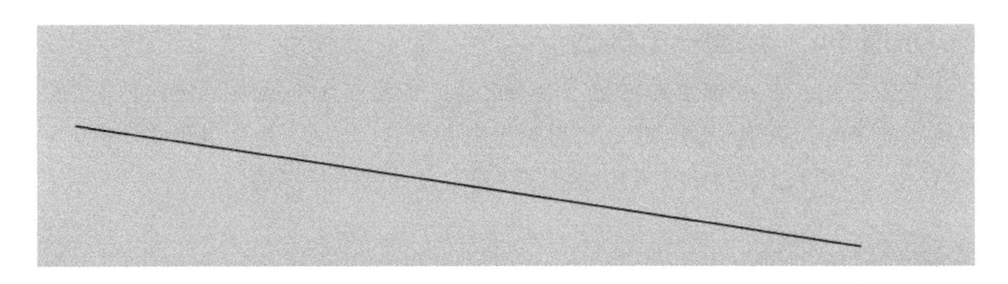

```
size(480, 120);
line(20, 50, 420, 110);
```

示例3-4：绘制基本形状

以此类推，一个三角形需要6个参数，一个四边形则需要8个参数（每个点都对应一个坐标）。

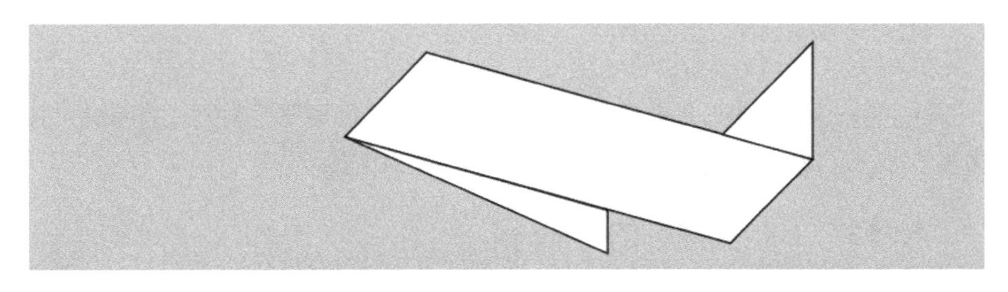

```
size(480, 120);
quad(158, 55, 199, 14, 392, 66, 351, 107);
triangle(347, 54, 392, 9, 392, 66);
triangle(158, 55, 290, 91, 290, 112);
```

示例3-5：绘制一个长方形

矩形和椭圆形都由4个参数来定义：前两个参数是定位点的x轴、y轴坐标，第三个参数是宽度，第四个参数是高度。为了在（180,60）的位置上绘制一个宽220像素、高40像素的矩形，需要这样使用rect()函数。

```
size(480, 120);
rect(180, 60, 220, 40);
```

示例3-6：绘制一个椭圆

长方形的x轴、y轴坐标对应它的右上角，但是对于椭圆形来说，它们指的是形状的中心。在这个例子中，注意第一个椭圆的y轴坐标是在屏幕之外的。对象（objects）可以被部分或者全部绘制在窗口之外而不会出错。

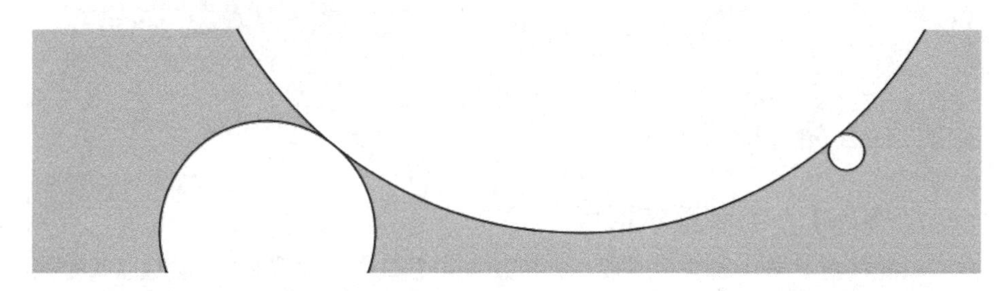

```
size(480, 120);
ellipse(278, -100, 400, 400);
ellipse(120, 100, 110, 110);
ellipse(412, 60, 18, 18);
```

Processing没有专门绘制正方形和圆形的函数，如果要绘制这样的图形，只需要将ellipse()和rect()函数的宽和高设置为相同的值就可以了。

示例3-7：绘制椭圆的一部分

arc()函数可以绘制椭圆的一部分。

```
size(480, 120);
arc(90, 60, 80, 80, 0, HALF_PI);
arc(190, 60, 80, 80, 0, PI+HALF_PI);
arc(290, 60, 80, 80, PI, TWO_PI+HALF_PI);
arc(390, 60, 80, 80, QUARTER_PI, PI+QUARTER_PI);
```

第一参数和第二个参数设定位置，第三个参数和第四个参数设置宽度和高度，第五个参数设置弧形的初始角度，第六个参数设置弧形的结束角度。角度是用弧度（radian）而不是角度（degree）绘制的。弧度是基于PI(3.14159）的弧度制数值绘制的。图3-2显示了弧度和角度的对应关系。在这个例子,4个弧度值非常常用，因此Processing把它们直接定义为语言的一部分进行了特殊的命名。PI、QUARTER_PI、HALF_PI和TWO_PI的值可以被180°、45°、90°和360°的弧度数值替代。

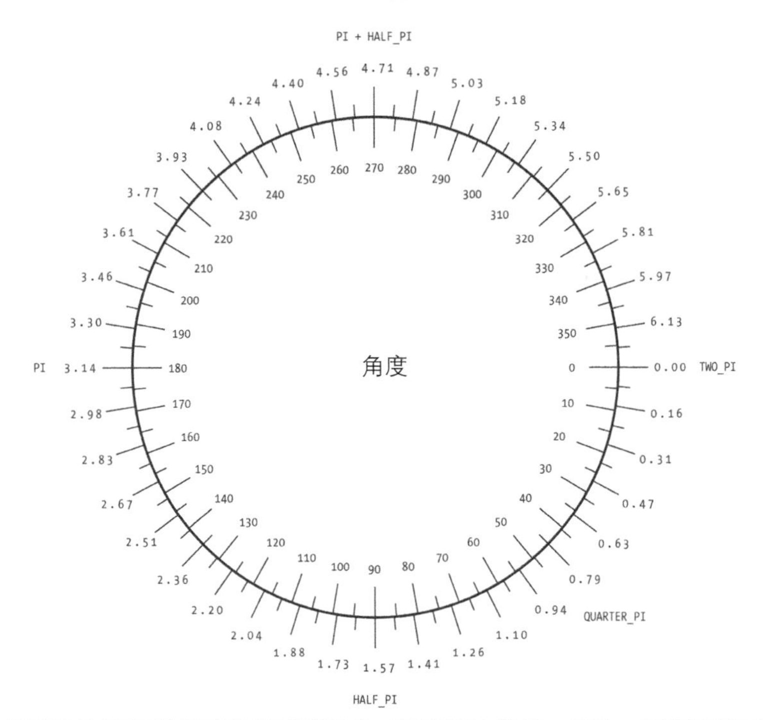

图3-2　弧度和角度是两种表示角度数值的方式。角度是圆上的0°~360°，弧度是依据PI将角度转变为弧度数字，数值是0~6.28。

示例3-8：用角度绘图

如果你更习惯使用角度计数，你可以用radians( )函数转换角度数值。这个函数从角度数值中获得角度的信息，并把它转变为相应的弧度数值。下面的例子同第14页的示例3-7功能一样，但使用了radians()函数来定义起始和结束的角度。

```
size(480, 120);
arc(90, 60, 80, 80, 0, radians(90));
arc(190, 60, 80, 80, 0, radians(270));
arc(290, 60, 80, 80, radians(180), radians(450));
arc(390, 60, 80, 80, radians(45), radians(225));
```

绘图顺序

当一个程序运行的时候，计算机会从头开始逐句读取代码直到运行到最后一句停止。如果你希望一个图形被绘制在其他所有图形之上，它在代码中就应该被写在其他代码的后面。

示例3-9：控制绘图的顺序

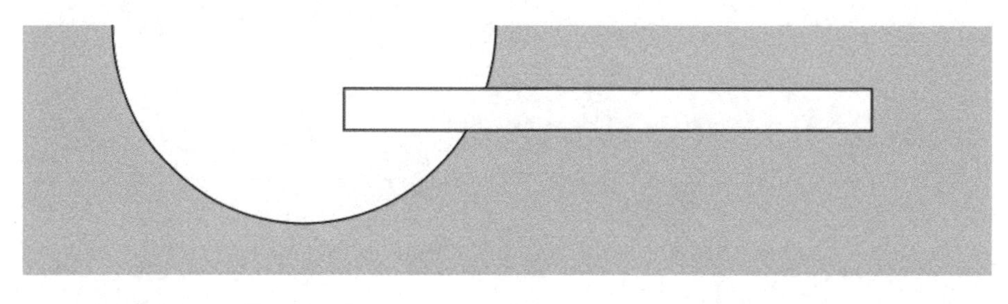

```
size(480, 120);
ellipse(140, 0, 190, 190);
// 矩形绘制在椭圆上面
// 因为它的代码排在后面
rect(160, 30, 260, 20);
```

示例3-10：改变绘图的顺序

修改代码，调换rect( )和ellipse( )的顺序，可以看到圆形绘制在矩形的上面。

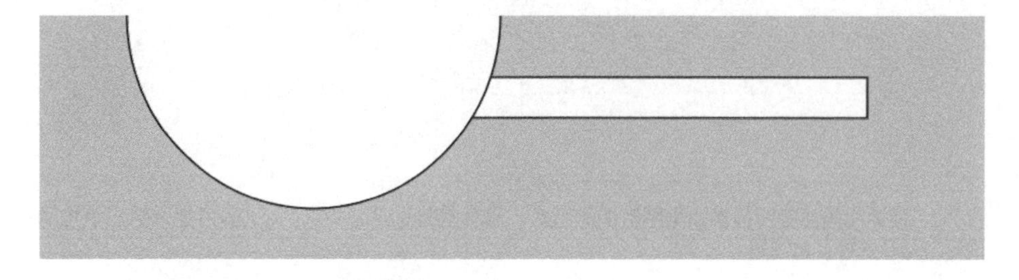

```
size(480, 120);
rect(160, 30, 260, 20);
// 椭圆绘制在矩形上面
// 因为它的代码排在后面
ellipse(140, 0, 190, 190);
```

你可以把这理解为用画笔绘画或者做拼贴，你添加的最后一个元素会显示在最上面。

形状属性

最常用、最基础的形状属性是描边粗细（stroke weight）样式、描边端点（caps）样式以及线段间转角样式。

示例3-11：设置描边粗细

默认的描边粗细是1像素，但它可以用strokeWeight()函数来更改。strokeWeight()只有一个参数，用来设置绘制线条的宽度。

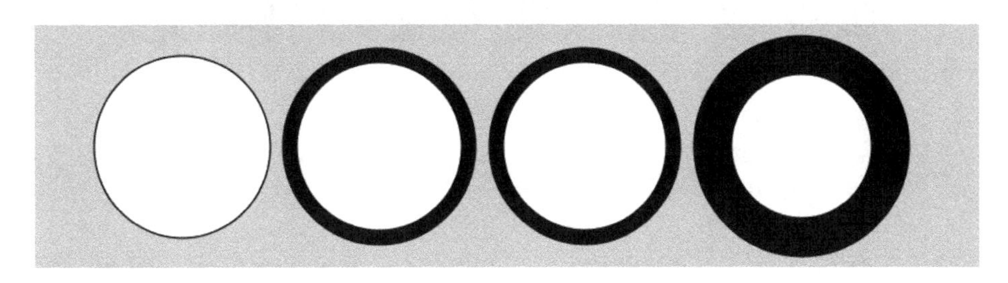

```
size(480, 120);
ellipse(75, 60, 90, 90);
strokeWeight(8);  // 设置描边粗细为8像素
ellipse(175, 60, 90, 90);
ellipse(279, 60, 90, 90);
strokeWeight(20);  // 设置描边粗细为20像素
ellipse(389, 60, 90, 90);
```

示例3-12：设置描边端点样式

strokeCap()函数用于设置线段端点的绘制样式，默认情况下，端点是圆角的。

```
size(480, 120);
strokeWeight(24);
line(60, 25, 130, 95);
strokeCap(SQUARE);   // 矩形的线端点
line(160, 25, 230, 95);
strokeCap(PROJECT);  // 扩展式的线端点
line(260, 25, 330, 95);
strokeCap(ROUND);    // 圆角的线端点
line(360, 25, 430, 95);
```

示例3-13：设置线段转折的样式

strokeJoin( )函数改变线与线之间的连接样式（转角样式）。默认情况下，转角是尖角（斜接,mitered）的。

```
size(480, 120);
strokeWeight(12);
rect(60, 25, 70, 70);
strokeJoin(ROUND);   // 圆形的转角
rect(160, 25, 70, 70);
strokeJoin(BEVEL);   // 斜切的转角
rect(260, 25, 70, 70);
strokeJoin(MITER);   // 斜接的转角
rect(360, 25, 70, 70);
```

当任意属性被设置之后，在此后所有绘制的形状上都会生效。例如，第17页的示例3-11，可以注意到，尽管描边粗细属性在绘制两个圆形之前只被设置了一次，但第二个圆形和第三个圆形都有相同的描边粗细。

绘制样式

一组命名中带有“mode”的函数用于改变Processing在屏幕中绘制几何图形的方式。在这一节中，我们会分别看一下ellipseMode( )和rectMode( )这两个帮助我们绘制椭圆和矩形的函数，在本书的后面，我们会讲到imageMode( )函数和shapeMode( )函数。

示例3-14：设置左上角起始

默认情况下，ellipse( )函数用它的前两个参数设置定义的是椭圆中心位置的*x*轴坐标和*y*轴坐标，第三个、第四个参数设置宽度和高度。在草稿程序中运行ellipseMode(CORNER)之后，ellipse( )的前两个参数则用来定义椭圆的左上角位置。这使得ellipse( )函数运行起来更像这个案例中的rect( )。

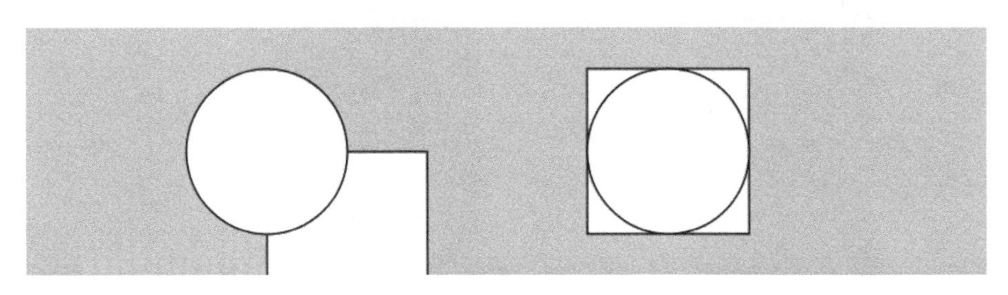

```
size(480, 120);
rect(120, 60, 80, 80);
ellipse(120, 60, 80, 80);
ellipseMode(CORNER);
rect(280, 20, 80, 80);
ellipse(280, 20, 80, 80);
```

你会发现，这些带有“mode”的函数在本书中很常用，在Processing的引用（Reference）中有更多关于如何使用它们的选项的内容。

色彩

所有的形状初始都是白色填色、黑色描边的，运行窗口默认背景颜色是浅灰色。为了改变它们，可以使用background( )、fill( )和stroke( )函数。参数的范围是0~255，其中255是白色，128是中灰色，0是黑色。图3-3展示了0~255的数值是如何映射为不同灰色级别的。

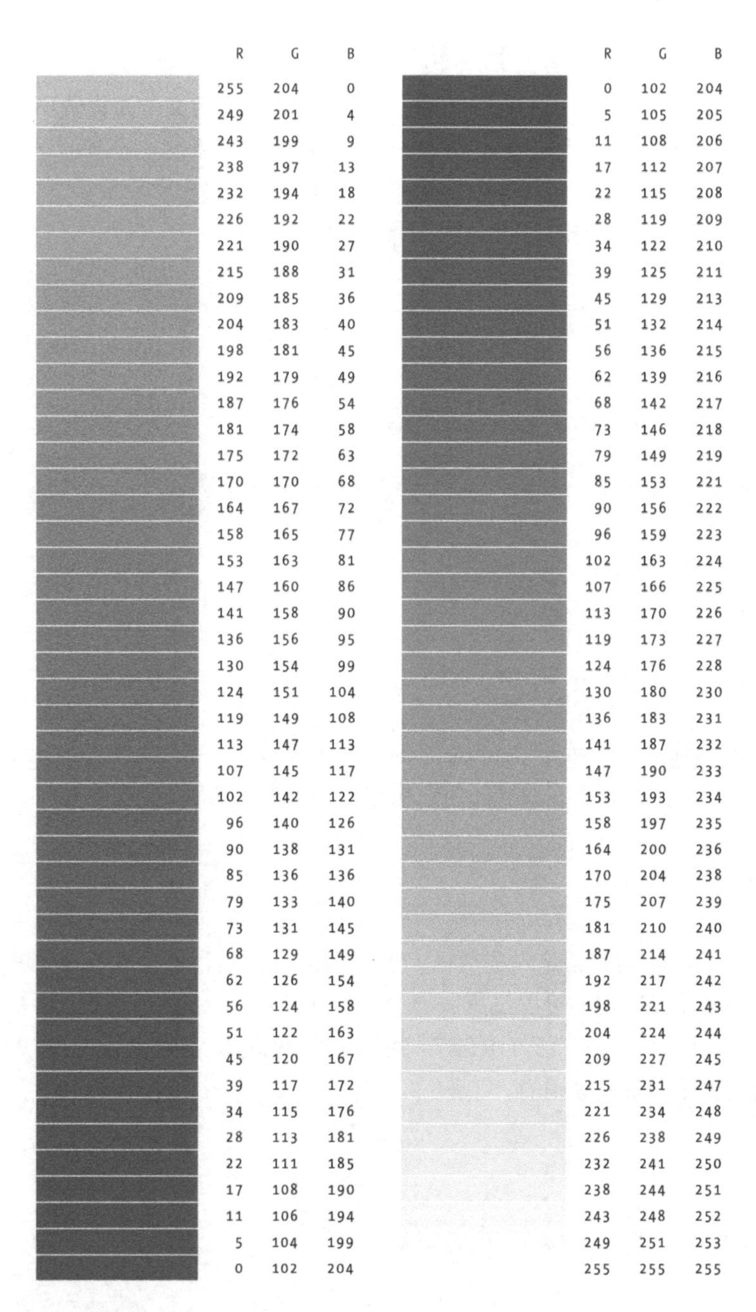

图3-3　色彩是用设置RGB值（红、绿、蓝）来创建的

示例3-15：用灰度值绘图

这个案例展示了3个不同灰度值在黑色背景上的效果。

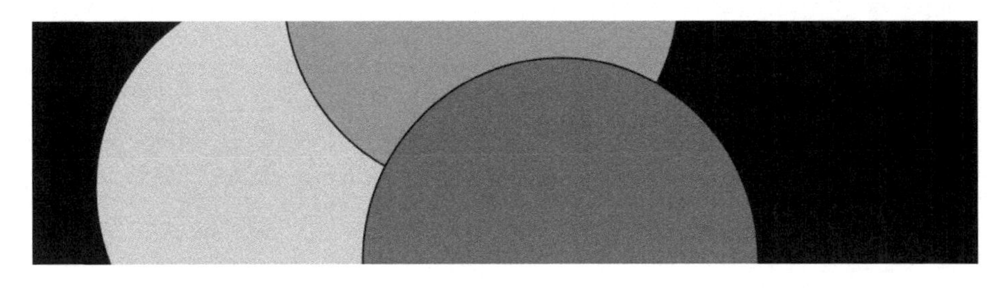

```
size(480, 120);
background(0);                  // 黑色
fill(204);                      // 浅灰
ellipse(132, 82, 200, 200);     // 浅灰色圆形
fill(153);                      // 中灰
ellipse(228, -16, 200, 200);    // 中灰色圆形
fill(102);                      // 深灰
ellipse(268, 118, 200, 200);    // 深灰色圆形
```

示例3-16：控制填色和描边

你可以用noStroke( )函数隐藏描边，使得图形没有描边样式，也可以使用noFill( )函数隐藏填色。

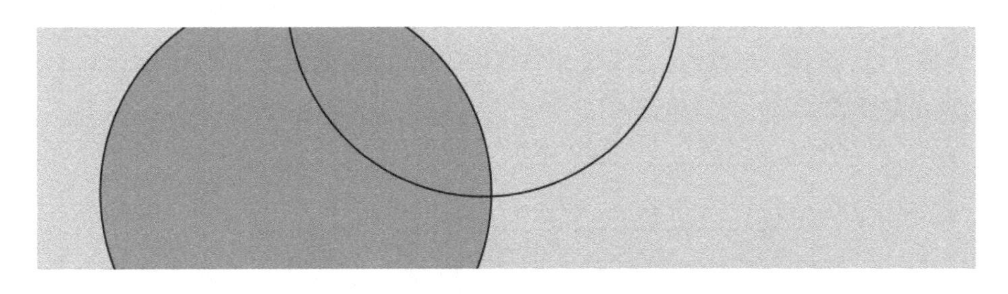

```
size(480, 120);
fill(153);                      // 中灰
ellipse(132, 82, 200, 200);     // 灰色圆形
noFill();                       // 隐藏填色
ellipse(228, -16, 200, 200);    // 圆形轮廓
noStroke();                     // 隐藏描边
ellipse(268, 118, 200, 200);    // 绘画结束！
```

要小心不要像我们在前一个案例中做的一样，同时隐藏填色和描边，这样屏幕中什么都不会显示。

示例3-17：用色彩绘图

学会设置灰度值之后，你可以用3个参数来设置色彩中红、绿、蓝的成分。在Processing中运行代码来显示颜色吧。

```
size(480, 120);
noStroke();
background(0, 26, 51);         // 深蓝色
fill(255, 0, 0);               // 红色
ellipse(132, 82, 200, 200);    // 红色的圆
fill(0, 255, 0);               // 绿色
ellipse(228, -16, 200, 200);   // 绿色的圆
fill(0, 0, 255);               // 蓝色
ellipse(268, 118, 200, 200);   // 蓝色的圆
```

这样可以指定一个RGB的颜色，来自于计算机在屏幕上定义色彩的原理。3个数字分别代表红色、绿色和蓝色的数值，取值范围和灰度值都是0~255。使用RGB颜色并不是非常直观，因此可以使用工具菜单中的色彩选择器（Tools→Color Selector）来选择颜色，这样会显示一个同你在其他软件中见到的一样的调色板（见图3-4）。选择一个颜色，然后使用它提供的R、G和B的值来设置background()、fill()函数或者stroke()函数的参数。

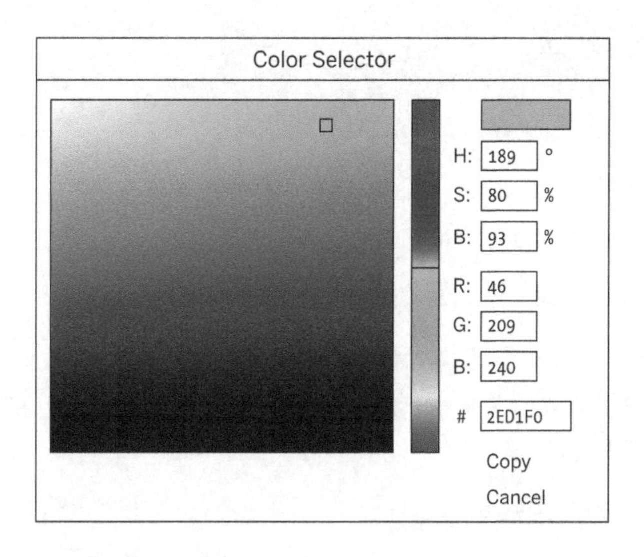

图3-4　Processing色彩选择器

示例3-18：设置透明度

在fill( )函数或者stroke( )函数中设置第四个可选的参数，你就可以控制透明度。第四个参数表示alpha值，同样是用0~255设置透明的效果。数值0表示色彩完全透明（根本不显示），数值255表示完全不透明，这两者中间的值使得屏幕上的颜色叠加起来。

```
size(480, 120);
noStroke();
background(204, 226, 225);    // 浅蓝色
fill(255, 0, 0, 160);         // 红色
ellipse(132, 82, 200, 200);   // 红色的圆形
fill(0, 255, 0, 160);         // 绿色
ellipse(228, -16, 200, 200);  // 绿色的圆形
fill(0, 0, 255, 160);         // 蓝色
ellipse(268, 118, 200, 200);  // 蓝色的圆形
```

自定义图形

你不会被这些基本图形限制，你可以通过连接一系列点来定义新的图形。

示例3-19：绘制一个箭头

beginShape( )函数标定一个新图形的起点，vertex( )函数用于定义图形中每一个点的*x*坐标和*y*坐标。最后，endShape( )函数用于表示图形绘制结束。

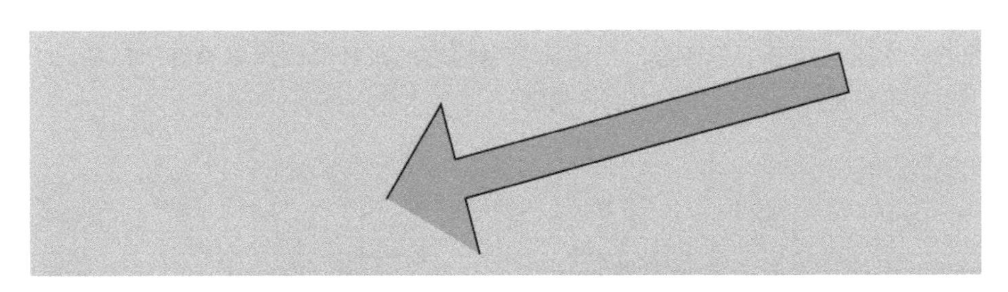

```
size(480, 120);
beginShape();
fill(153, 176, 180);
```

```
vertex(180, 82);
vertex(207, 36);
vertex(214, 63);
vertex(407, 11);
vertex(412, 30);
vertex(219, 82);
vertex(226, 109);
endShape();
```

示例3-20：闭合图形

当你运行第23页的示例3-19时，你会看到起始点和结束点是没有连接在一起的。为了让它们连起来，要加上CLOSE这个词作为endShape()函数的参数，如下所示。

```
size(480, 120);
beginShape();
fill(153, 176, 180);
vertex(180, 82);
vertex(207, 36);
vertex(214, 63);
vertex(407, 11);
vertex(412, 30);
vertex(219, 82);
vertex(226, 109);
endShape(CLOSE);
```

示例3-21：创造一些生物

vertex( )函数定义图形的强大功能使得它能够绘制复杂的物体外形。Processing能够一次绘制成千上万条线，用你头脑中构想的奇妙的图形填满整个屏幕。一个中等难度但比以前更复杂的例子如下。

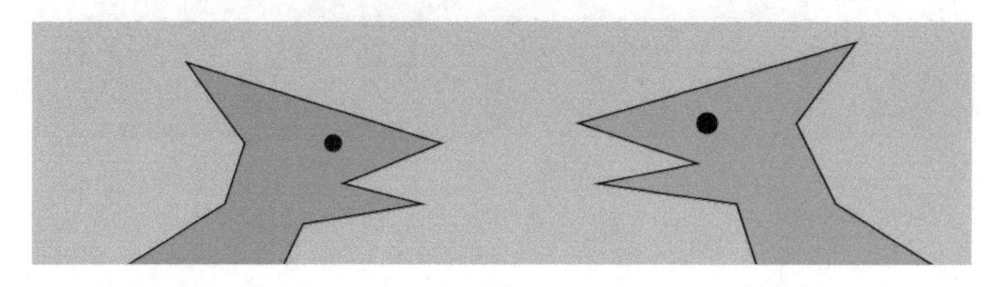

```
size(480, 120);

// 左侧的生物
fill(153, 176, 180);
beginShape();
vertex(50, 120);
vertex(100, 90);
vertex(110, 60);
vertex(80, 20);
vertex(210, 60);
vertex(160, 80);
vertex(200, 90);
vertex(140, 100);
vertex(130, 120);
endShape();
fill(0);
ellipse(155, 60, 8, 8);

// 右侧的生物
fill(176, 186, 163);
beginShape();
vertex(370, 120);
vertex(360, 90);
vertex(290, 80);
vertex(340, 70);
vertex(280, 50);
vertex(420, 10);
vertex(390, 50);
vertex(410, 90);
vertex(460, 120);
endShape();
fill(0);
ellipse(345, 50, 10, 10);
```

注释

本章中的案例用双斜杠（//）在一行代码的结尾添加注释。注释是程序的一部分，但在程序运行中会被忽略。它们对你而言非常重要，可以在代码中做一些说明，帮助你解释代码中发生了什么。如果其他人来阅读你的代码，这些注释对于帮助他们理解你的程序来说非常重要。

注释对于许多不同的选项来说也非常重要，比如说选择合适的颜色。例如，我们可能想为一个椭圆找到一个合适的红色。

```
size(200, 200);
fill(165, 57, 57);
ellipse(100, 100, 80, 80);
```

现在假设我想要尝试一个不同的红色，但我又不想丢掉之前的那个。我可以复制并粘贴这一行，修改一下，把之前的内容注释掉。

```
size(200, 200);
//fill(165, 57, 57);
fill(144, 39, 39);
ellipse(100, 100, 80, 80);
```

把//放在一行代码的最前面可以暂时停用它。如果想再试试这一行，可以删掉//，把它放在另外一行里。

```
size(200, 200);
fill(165, 57, 57);
//fill(144, 39, 39);
ellipse(100, 100, 80, 80);
```

当你用Processing的草图程序工作时，你会发现自己有许许多多新的想法，用注释来做标记或者注释一些代码可以让你保留多个选项。

快捷键Ctrl-/（Mac上是Cmd-/）可以添加或者删除当前行的注释或者选定文本块中的注释。你同样可以一次性注释多行，具体请参考附录A中的“注释”。

机器人1：绘制

这是Processing机器人P5。本书中有10个不同的关于绘制它以及让它动起

来的程序，每一个都展示了一种不同的编程思想。P5的设计灵感来自Sputnik I（1957）、斯坦福研究中心（Stanford Research Institute）（1966–1972）的Shakey、大卫·林奇（David Lynch）执导的《沙丘》（*Dune*）（1984）中的无人驾驶战斗机和《2001太空漫游》（*2001：A Space Odyssey*）里的HAL9000，还有其他我们喜爱的机器人。

第一个机器人的程序使用了本章介绍的绘图函数fill( )和stroke( )函数的参数来设置灰度值，line( )、ellipse( )和rect( )函数用于定义机器人脖子、天线、身体和头部的图形。为了更熟悉这些函数，运行一下这个程序并改变其中的数值来重新设计机器人。

```
size(720, 480);
strokeWeight(2);
background(0, 153, 204);      // 蓝色背景
ellipseMode(RADIUS);

// 脖子
stroke(255);                  // 设置线为白色
line(266, 257, 266, 162);     // 左边
line(276, 257, 276, 162);     // 中间
line(286, 257, 286, 162);     // 右边

// 天线
line(276, 155, 246, 112);     // 短的
line(276, 155, 306, 56);      // 长的
line(276, 155, 342, 170);     // 中等的

// 身体
noStroke();                   // 不使用描边
fill(255, 204, 0);            // 设置填充为橘黄色
ellipse(264, 377, 33, 33);    // 浮力球
fill(0);                      // 设置填充为黑色
rect(219, 257, 90, 120);      // 主要的身体部分
fill(255, 204, 0);            // 设置填充为黄色
rect(219, 274, 90, 6);        // 黄色的条纹

// 头部
fill(0);                      // 设置填充为黑色
ellipse(276, 155, 45, 45);    // 头部
fill(255);                    // 设置填充为白色
ellipse(288, 150, 14, 14);    // 大眼睛
fill(0);                      // 设置填充为黑色
ellipse(288, 150, 3, 3);      // 瞳孔
fill(153, 204, 255);          // 设置填充为浅蓝色
ellipse(263, 148, 5, 5);      // 第一个小眼睛
ellipse(296, 130, 4, 4);      // 第二个小眼睛
ellipse(305, 162, 3, 3);      // 第三个小眼睛
```

4 变量

一个变量在内存中存储了一个值，它可以在之后的程序中使用。变量可以在一个程序中被使用多次，并且可以很容易地在程序运行中更改数值。

第一个变量

我们使用变量的一个重要原因就是避免编程过程中的重复工作。如果你重复使用某一个数字超过了一次，就可以考虑使用一个变量来代替它，这样你的程序会更加通用并且易于更新。

示例4-1：重用相同值

比如说，当你把这三个圆形的y轴坐标和直径存入变量的时候，每个椭圆都能使用相同的值。

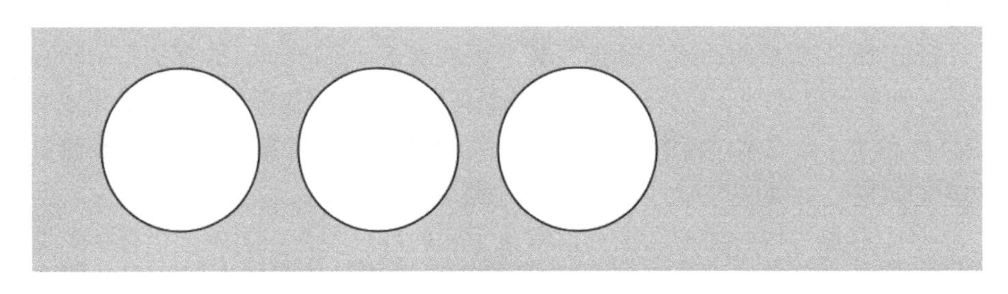

```
size(480, 120);
int y = 60;
int d = 80;
ellipse(75, y, d, d);     // 左侧
ellipse(175, y, d, d);    // 中间
ellipse(275, y, d, d);    // 右侧
```

示例4-2：更改变量值

简单改变y变量和d变量的数值就能改变三个圆形的形状。

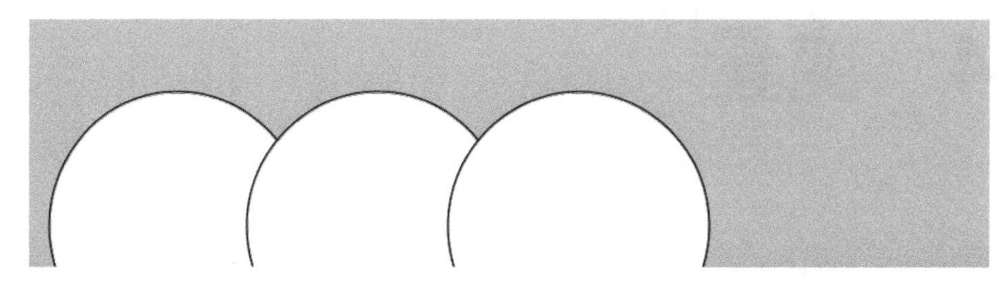

```
size(480, 120);
int y = 100;
int d = 130;
ellipse(75, y, d, d);     // 左侧
ellipse(175, y, d, d);    // 中间
ellipse(275, y, d, d);    // 右侧
```

如果不用变量，在这个程序中你就需要修改三次y轴坐标的值，还要修改六次直径的值。对比第29页的示例4-1和示例4-2，你会发现底下三行是相同的，只有中间两行定义变量不同。变量允许你将代码执行和变量定义分隔开来，这样使程序更容易维护。比如说你把控制一个图形色彩和尺寸的变量放在一起，那么你就可以通过仅仅改变几行代码快速探索一些不同的视觉风格。

定义变量

当你定义变量的时候，你要设置它的变量名（name）、数据类型（data type）和变量值（value）。变量名就是你希望它叫什么，选择一个对变量来说有意义的名字，要注意保持命名的一致性并且不要冗长。例如，当你之后在查看代码的时候，“radius”作为变量名比“r”要清晰得多。

一个变量可以存储的数值范围取决于它的数据类型，例如一个整型数据（integer）只能存储没有小数点的数字（整数）。在代码中，整型数据缩写为int。存储数据的类型有：整型（integers）、浮点型［floating-point(decimal)numbers］、字符（characters）、字（words）、图（images）和字体（fonts）等。

变量必须事先被声明，这是为了事先在计算机的内存中开辟空间来存储这个变量的信息。当声明一个变量的时候，你需要确定它的数据类型（比如说int类型），这定义了信息的存储类型。当数据类型和变量名设定之后，就可以给一个变量赋值。

```
int x;   // 声明x是一个整型变量
x = 12; // 对x赋值
```

下面这段代码起到相同的效果，但是更简短。

```
int x = 12; // 声明x是一个整型变量并同时赋值
```

在声明一个变量的时候要包含数据类型，但数据类型只能出现一次。每次在变量名之前写一个数据类型的时候，电脑就会认为你在尝试定义一个新的变量。你不能在一个程序的同一位置定义两个名字相同的变量（见附录D），所以这样的程序是错误的。

```
int x;        // 声明x是一个整型变量
int x = 12;   // 错误！不能有两个变量都叫x
```

每一个数据类型存储一个不同类型的数据。比如说，一个int类型的变量可以存储一个整数，但它不能存储一个带小数点的数字，也就是浮点型（float）数。“float”这个词的意思是“浮动的点”（floating point），描述了一种在内存中存储带小数点数字的技术（技术细节在这本书里并不重要）。

一个浮点型的数字不能用int来定义，因为这样会丢失信息。比如说，12.2这个数字和它最接近的整数值（int)12是不等价的。在代码中，这样的操作会出错。

```
int x = 12.2;  // 错误！不能给一个整型变量赋浮点数值
an int
```

而一个浮点型（float）的变量可以存储一个整数值。比如说一个整数值12可以被转变为浮点型等价于12.0，因为没有信息丢失。这样的代码不会出错。

```
float x = 12;  // 自动将12转换为12.0
```

数据类型的细节内容可见附录B。

Processing的变量

Processing有一系列特别的变量，用来在程序运行中存储信息。例如，窗口的宽度和高度被存储在名为width和height的变量中。这些变量由size( )函数设定，它们可以根据窗口尺寸来绘制元素，即使size( )函数这一行的位置变化了它们也不受影响。

示例4-3：调整尺寸大小，看看会发生什么

在这个例子中，改变size( )函数的参数来看看它是如何工作的。

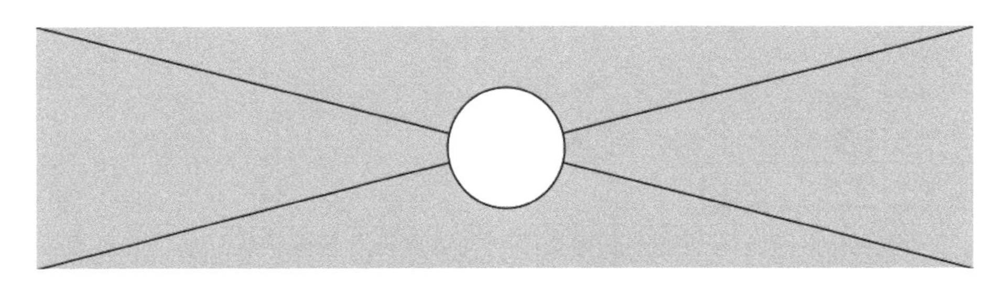

```
size(480, 120);
line(0, 0, width, height); // 从(0,0)到(480,120)画一条线
line(width, 0, 0, height); // 从(480,0) 到(0,120)画一条线
ellipse(width/2, height/2, 60, 60);
```

其他特殊的变量，例如用来跟踪鼠标运动和存储键盘数值的变量等，会在第5章讨论到。

一点小小的数学问题

人们通常认为数学和编程是一样的东西。虽然数学知识可以被用在特定类型的编程中，但基础算数知识涉及最重要的工作。

示例4-4：基础算数

```
size(480, 120);
int x = 25;
int h = 20;
int y = 25;
rect(x, y, 300, h);         // 顶部
x = x + 100;
rect(x, y + h, 300, h);     // 中间
x = x - 250;
rect(x, y + h*2, 300, h);   // 底部
```

在代码中，“+”“-”和“*”这样的符号被叫作运算符，当它们被写在两个数值之间的时候就会形成一个表达式。例如，5+9和1024-512都是表达式。进行基本数学计算的运算符包括：

+	加法
-	减法
*	乘法
/	除法
=	赋值

Processing有一系列规则来定义哪一种运算符有较高的优先级，也就是哪

一种计算会优先执行，哪一种会第二步、第三步执行等。这些规则定义了运算执行的顺序。掌握这些基础知识可以让你深入理解下面这一行代码是如何工作的。

```
int x = 4 + 4 * 5; // 将24赋值给 x
```

表达式4*5首先被计算，因为乘法具有最高的优先级。其次，在4*5的基础上加4得到结果24。最后，由于赋值运算符（“=”）的优先级最低,24这个值最终被赋给变量值x。使用括号表示会更清晰，但结果是一样的。

```
int x = 4 + (4 * 5); // 将24赋值给 x
```

如果你想要强调加法让它优先执行，只需要移动括号的位置。因为括号比乘法有更高的优先级，计算顺序也因此而改变。

```
int x = (4 + 4) * 5; // 将40赋值给 x
```

老师在数学课上经常用一个缩略词来表示这种运算的顺序——PEMDAS，指的是括号（Parentheses）、指数（Exponents）、乘法（ Multiplication）、除法（Division）、加法（ Addition）、减法（Subtraction），它们的优先级是从高到低的。

有一些计算在编程中被使用得非常频繁，因此发明了一些简写形式，节省一些字符总是好的。例如，增加一个数值或者减少一个数值可以只用一个运算符完成。

```
x += 10; // 与x=x+10等价
y -= 15; // 与y=y-15等价
```

当然，为一个变量增加1或减少1也是很常见的，因此它们也有缩写形式，用++和--符号可以完成。

```
x++; // 与x=x+1等价
y--; // 与y=y-1等价
```

更多缩写形式可见Processing引用文档。

循环

当你写更多程序的时候，你会发现许多模式重复发生，代码也只是简单修改后被重复使用。一个叫作“for循环”的结构可以让一行代码重复运行多次而不必复制粘贴很多行，这会使你的程序更加模块化并且容易修改。

示例4-5：重复做一件事

这个例子中就存在一种可以用for循环简化的模式。

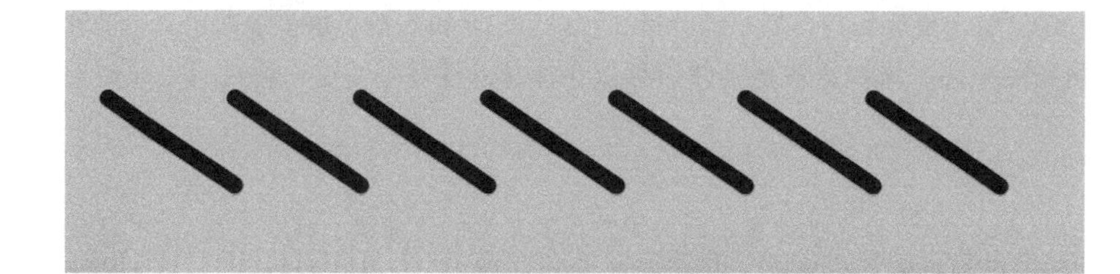

```
size(480, 120);
strokeWeight(8);
line(20, 40, 80, 80);
line(80, 40, 140, 80);
line(140, 40, 200, 80);
line(200, 40, 260, 80);
line(260, 40, 320, 80);
line(320, 40, 380, 80);
line(380, 40, 440, 80);
```

示例4-6：使用for循环

for循环可以使用更少的代码完成同样的事情。

```
size(480, 120);
strokeWeight(8);
for (int i = 20; i < 400; i += 60) {
  line(i, 40, i + 60, 80);
}
```

到现在为止，我们写过的这些代码中for循环有很多不一样的地方。注意那对花括号,{和}这样的字符。在括号之间的程序被叫作一个块（block）。这部分代码会在for循环的迭代中一遍遍重复。

在小括号中有3个语句，用分号隔开，它们共同作用来控制程序块中的代码运行。从左到右依次是初始化（init）、条件判断（test）和更新（update）。

```
for (init; test; update) {
  statements
}
```

初始化设置初始的数值，通常是声明一个新的变量用于for循环中。在上一个例子中，有一个整数值的i被声明并设置为20。变量名i经常被使用，但实际上用什么名字都可以。条件判断语句用于判断变量的值是否满足终止条件（这里指的是i是否依然小于400），然后使用更新中的语句来改变变量的值（在重复循环之前变量i增加60）。图4-1展示了它们运行的顺序以及它们如何控制程序块中的代码。

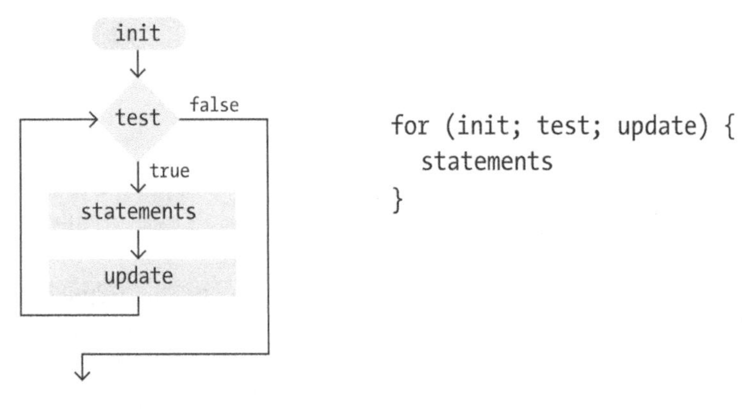

图4-1　一个for循环的流程图

条件判断语句需要多解释一些。它通常用关系表达式来比较两个值。在这个例子中，表达式是“i<400”，而操作符就是<(小于号)。最常用的关系操作符如下。

>	大于
<	小于
>=	大于等于
<=	小于等于
==	等于
!=	不等于

关系表达式总会返回一个true值或者false值。比如说，表达式“5>3”就是true。我们可以这样问：“五是大于三吗？”，因为答案永远是“是的”，所以我们说这个表达式的返回值是真（true)。如果表达式是“5<3”，我们问：“五是比三小吗？”，答案是“不”，我们说这个表达式的返回值是假（false)。当判断结果是真的时候，块中的代码就会执行；当判断结果是假的时候，块中的程序就不再运行，循环终止。

示例4-7：for循环的力量

for循环的无限力量就是它能快速改变代码。由于块中的代码被指定运行多次，对块进行一个小的修改会在代码运行中被放大。通过简单修改第34页的示例4-6，我们就能重建一系列不一样的图案。

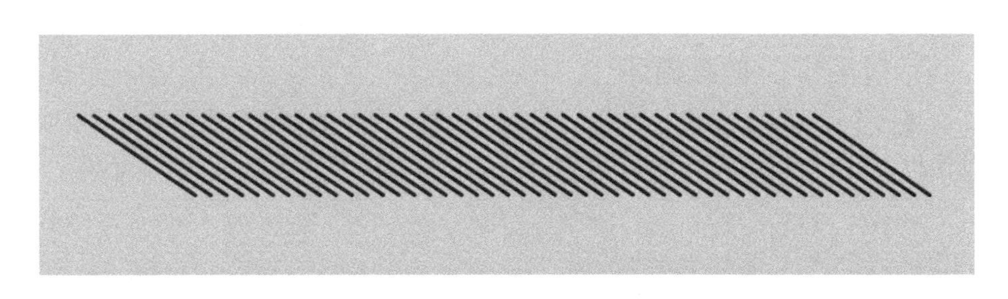

```
size(480, 120);
strokeWeight(2);
for (int i = 20; i < 400; i += 8) {
  line(i, 40, i + 60, 80);
}
```

示例4-8：分散开的线条

```
size(480, 120);
strokeWeight(2);
for (int i = 20; i < 400; i += 20) {
  line(i, 0, i + i/2, 80);
}
```

示例4-9：折角的线条

```
size(480, 120);
strokeWeight(2);
for (int i = 20; i < 400; i += 20) {
  line(i, 0, i + i/2, 80);
  line(i + i/2, 80, i*1.2, 120);
}
```

示例4-10：嵌套循环

当一个for循环嵌套在另一个for循环之中时，重复的数量就是两个循环次数的乘积。首先，我们看一个简短的例子，之后我们把第37页的示例4-11分解。

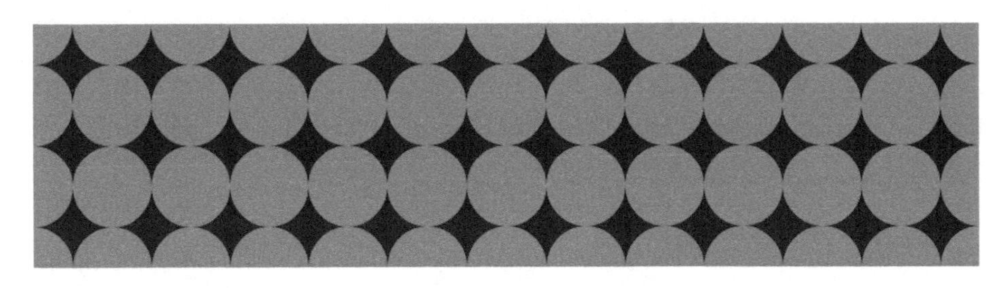

```
size(480, 120);
background(0);
noStroke();
for (int y = 0; y <= height; y += 40) {
  for (int x = 0; x <= width; x += 40) {
    fill(255, 140);
    ellipse(x, y, 40, 40);
  }
}
```

示例4-11 ：行和列

在这个例子中,for循环是并列的而不是嵌套的。绘制结果是一个for循环画了有4个圆形的列，另一个for循环画了有13个圆形的行。

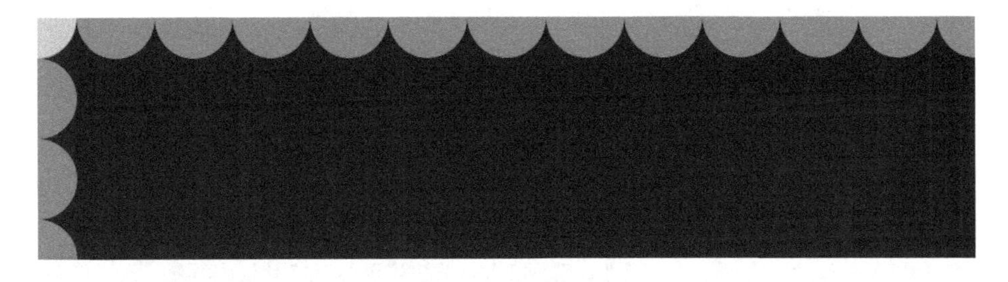

```
size(480, 120);
background(0);
noStroke();
for (int y = 0; y < height+45; y += 40) {
  fill(255, 140);
  ellipse(0, y, 40, 40);
}
for (int x = 0; x < width+45; x += 40) {
  fill(255, 140);
  ellipse(x, 0, 40, 40);
}
```

当一个for循环被放在另一个循环之中的时候，就像第36页的示例4-10一样。第一个for循环中的4次循环在每次运行的过程中都执行了第二个for循环中的13次循环，最终结果是程序块运行了52次（4×13=52）。

第36页的示例4-10为以后探索更多重复的视觉效果打下了很好的基础。接下来的例子展示了一些它可能的扩展方式。但这也只是它可能的方式的很小一部分。在第38页的示例4-12中，程序在网格中的每一个点上绘制一条线连接到屏幕中心。在第38页的示例4-13中，椭圆都比前一行缩小，并且在x轴坐标值的基础上加上y轴的坐标值，从而使椭圆像是向右移动。

示例4-12：点和线

```
size(480, 120);
background(0);
fill(255);
stroke(102);
for (int y = 20; y <= height-20; y += 10) {
  for (int x = 20; x <= width-20; x += 10) {
    ellipse(x, y, 4, 4);
    // 画一条连接到画板中心的线
    line(x, y, 240, 60);
  }
}
```

示例4-13：网点

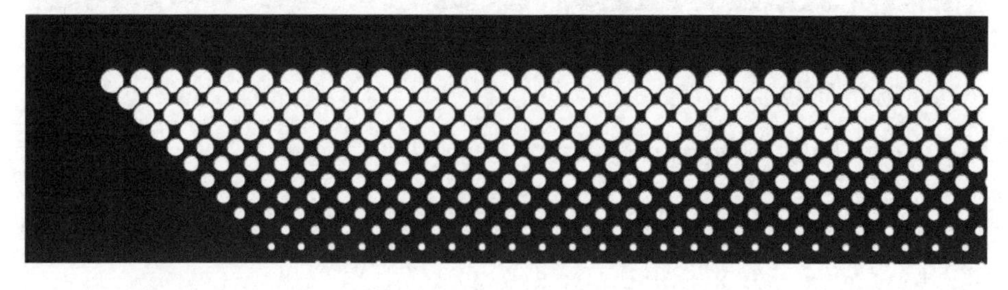

```
size(480, 120);
background(0);
for (int y = 32; y <= height; y += 8) {
  for (int x = 12; x <= width; x += 15) {
    ellipse(x + y, y, 16 - y/10.0, 16 - y/10.0);
  }
}
```

机器人2：变量

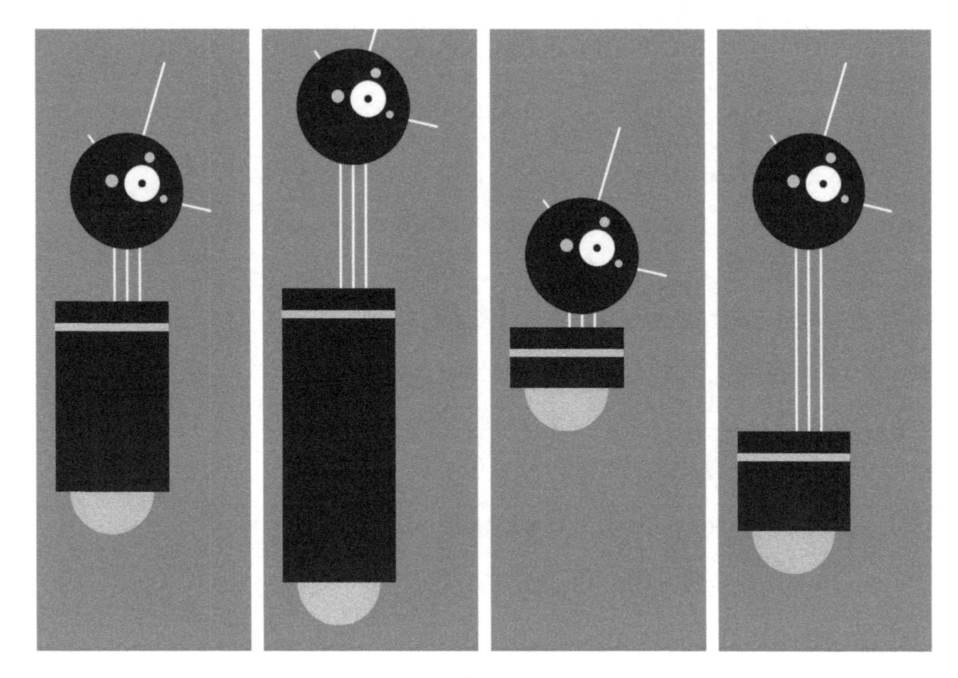

变量的引入让这个程序中的代码看起来比机器人1（见第26页的“机器人1：绘制”）中的代码更复杂了。但现在程序很容易被修改，因为修改的数字都在一个位置上。比如说脖子可以使用bodyHeight变量来绘制。代码顶部的一组变量控制着这个机器人身上我们想要改变的各方面数值：位置、身体高度和脖子高度。你可以在图中看到一些可能的数值，这里从左到右依次是相应的小机器人的数值。

y = 390 bodyHeight = 180 neckHeight = 40	y = 460 bodyHeight = 260 neckHeight = 95	y = 310 bodyHeight = 80 neckHeight = 10	y = 420 bodyHeight = 110 neckHeight = 140

当用变量值代替数字来更改你的代码的时候，要先详细计划，然后再一步步修改。就是说，当你的程序写好了，每一次先只建立一个变量，来尽可能减少更改的复杂性。当一个变量被加进来之后，运行代码以确保它是可以工作的，然后再加入下一个变量。

```
int x = 60;               // x坐标
int y = 390;              // y坐标
int bodyHeight = 180;     // 身体高度
int neckHeight = 40;      // 脖子高度
int radius = 45;
int ny = y - bodyHeight - neckHeight - radius;   // 脖子的y坐标

size(170, 480);
```

```
strokeWeight(2);
background(0, 153, 204);
ellipseMode(RADIUS);

// 脖子
stroke(255);
line(x+2, y-bodyHeight, x+2, ny);
line(x+12, y-bodyHeight, x+12, ny);
line(x+22, y-bodyHeight, x+22, ny);

// 天线
line(x+12, ny, x-18, ny-43);
line(x+12, ny, x+42, ny-99);
line(x+12, ny, x+78, ny+15);

// 身体
noStroke();
fill(255, 204, 0);
ellipse(x, y-33, 33, 33);
fill(0);
rect(x-45, y-bodyHeight, 90, bodyHeight-33);
fill(255, 204, 0);
rect(x-45, y-bodyHeight+17, 90, 6);

// 头部
fill(0);
ellipse(x+12, ny, radius, radius);
fill(255);
ellipse(x+24, ny-6, 14, 14);
fill(0);
ellipse(x+24, ny-6, 3, 3);
fill(153, 204, 255);
ellipse(x, ny-8, 5, 5);
ellipse(x+30, ny-26, 4, 4);
ellipse(x+41, ny+6, 3, 3);
```

5 响应

代码对鼠标、键盘和其他设备的输入进行的响应是连续性的。为了连续响应，需要更新的部分代码要放在一个叫作draw( )的Processing函数中。

一次与永久

在draw( )函数中的代码块会从头到尾一直运行下去，直到你单击停止（Stop）按钮或者关掉窗口退出程序才会停止。draw( )函数中的程序每执行一次被叫作一帧（frame）（默认的频率是60帧每秒，但这是可以修改的）。

示例5-1：draw( )函数

运行一下这个这个例子，来看看draw( )函数如何工作。

```
void draw() {
  // 在控制台上显示帧数
  println("I'm drawing");
  println(frameCount);
}
```

你会看到这样的：

```
I'm drawing
1
I'm drawing
2
I'm drawing
3
...
```

在上一段程序实例中，println( )函数输出文字“I’m drawing”和一个用特殊变量frameCount计数的当前帧数。这些文字会在控制台出现，就是Processing编辑器窗口最下方的黑色区域。

示例5-2：setup( )函数

为了补全draw( )函数循环没有完成的部分，Processing有一个名叫setup( )的函数，它只在程序运行开始的时候运行一次。

```
void setup() {
  println("I'm starting");
}

void draw() {
  println("I'm running");
}
```

当这句代码运行的时候，控制台会这样输出：

```
I'm starting
I'm running
I'm running
I'm running
...
```

“I’m running”这段文字会不停地被输出到控制台上直到程序停止。

在一个典型的程序中，代码中的setup()函数被用于定义初始值。第一行总是size()函数，接下来通常是设置填充和线条粗细、颜色的代码，或者加载图像和字体的代码（如果你不使用size()函数，那么运行窗口的尺寸将是100像素 ×100像素大小）。

现在你知道如何使用setup()和draw()函数了，但这还不是全部。因为还有一个地方可以放置你的代码——你可以把变量放在setup()和draw()函数之外。如果你在setup()函数之内创建一个变量，那你就无法在draw()函数中使用它了，因此你需要把这些变量放在其他地方。这样的变量被叫作全局（global）变量，因为它们可以被用在程序中的任何地方（全局的，“Globally”）。当代码运行的时候，按这样的顺序排列会更清晰。

1. 首先创建不在setup()和draw()函数中的变量；
2. 让setup()函数中的代码执行一次；
3. 让draw()函数中的代码持续执行。

示例5-3：全局变量

接下来的例子把上面讲的都放在一起。

```
int x = 280;
int y = -100;
int diameter = 380;

void setup() {
  size(480, 120);
  fill(102);
}

void draw() {
  background(204);
  ellipse(x, y, diameter, diameter);
}
```

跟随

现在我们有一个持续运行的代码了，那么我们就可以跟踪鼠标的位置并使用这些数字来移动屏幕上的元素。

示例5-4：鼠标跟随

mouseX变量存储了x坐标的位置，mouseY变量存储了y坐标的位置。

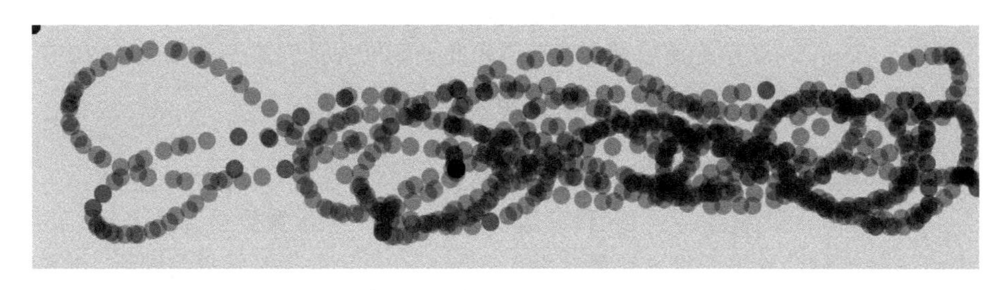

```
void setup() {
  size(480, 120);
  fill(0, 102);
  noStroke();
}

void draw() {
  ellipse(mouseX, mouseY, 9, 9);
}
```

在这个例子中，draw( )函数中的代码块每次运行都会在窗口中绘制一个新的圆，移动鼠标控制圆的位置就可以绘制一幅画了。因为填充色（fill）被设置为半透明，所以密集的黑色区域表示鼠标停留的时间更久、移动得更慢。而圆之间空隙更大的地方表示鼠标移动得更快。

示例5-5：跟随你的点

在这个例子中，每次运行draw( )函数中的代码块的时候都有一个新的圆被绘制在窗口中，为了刷新屏幕时只显示最新出现的圆，可以在图形被绘制之前，把background( )函数放在draw( )函数的最开始。

```
void setup() {
  size(480, 120);
  fill(0, 102);
  noStroke();
}

void draw() {
  background(204);
  ellipse(mouseX, mouseY, 9, 9);
}
```

background( )函数会清空整个窗口，因此一定要保证它放在draw( )函数中并且在其他函数之前，否则之前绘制的图形会被擦除掉。

示例5-6：连续绘画

pmouseX( )和pmouseY( )变量存储了前一帧的鼠标位置数据，就像mouseX和mouseY一样，这两个特殊变量在每次运行draw( )函数的时候都会刷新。当它们一起使用的时候，可以被用于绘制连接当前位置和上一个位置的线。

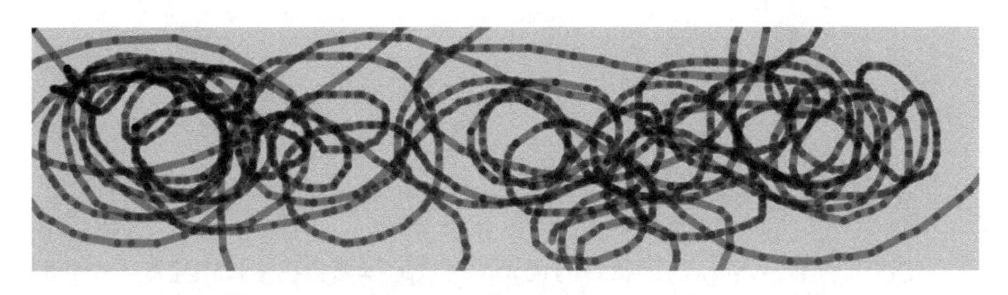

```
void setup() {
  size(480, 120);
  strokeWeight(4);
  stroke(0, 102);
}

void draw() {
  line(mouseX, mouseY, pmouseX, pmouseY);
}
```

示例5-7：设置线条厚度

pmouseX和pmouseY变量还可以被用在计算鼠标的速度上，这是通过测量鼠标当前位置和最近的位置之间的距离来实现的。如果鼠标移动缓慢，距离就短，但如果鼠标移动非常快速，那距离就变长了。一个叫作dist( )的函数可以简化这种计算，在下面的例子中就会展示出来。在这里，鼠标的速度被用来控制所画线条的厚度。

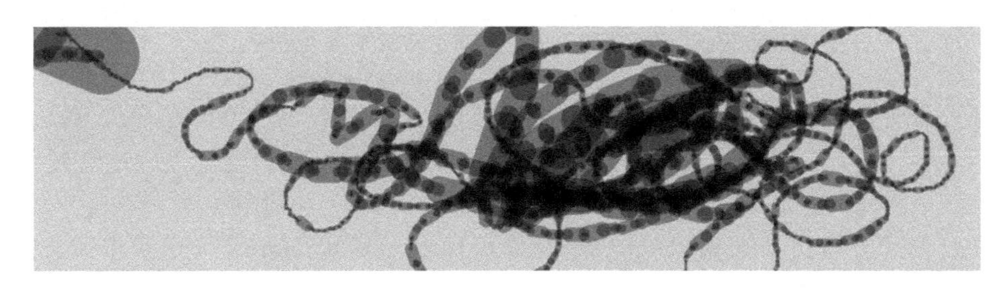

```
void setup() {
  size(480, 120);
  stroke(0, 102);
}

void draw() {
  float weight = dist(mouseX, mouseY, pmouseX, pmouseY);
  strokeWeight(weight);
  line(mouseX, mouseY, pmouseX, pmouseY);
}
```

示例5-8：使用easing

在第44页的示例5-7中通过鼠标计算出来的值被立即转变为屏幕上的位置。但有些时候你希望鼠标的跟随更放松，落后于鼠标一些，来创建更流畅的动作。这个技术被叫作缓动（easing）。使用easing得到两个值：当前的值和向前运动的值（见图5-1）。在程序中的每一步，当前的值都会向目标值移动一点点。

```
float x;
float easing = 0.01;

void setup() {
  size(220, 120);
}

void draw() {
  float targetX = mouseX;
  x += (targetX - x) * easing;
  ellipse(x, 40, 12, 12);
  println(targetX + " : " + x);
}
```

x变量的值总是接近于targetX。追上targetX的速度是由easing这个变量来控制的，范围是0~1。easing的值越小，延迟就会越大。如果easing的值增大到1，那么就不存在延迟了。运行第45页的示例5-8，实际的值通过函数pringtln( )在控制台输出。当你移动了鼠标，注意数字是如何分离的。但当鼠标停止移动时，x值就会越来越接近targetX。

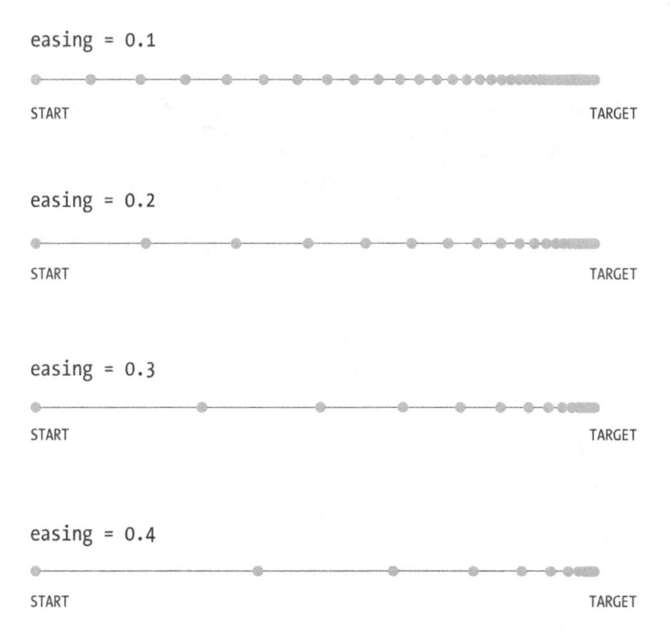

图5-1 缓动改变从一个位置移动到另一个位置的步数

这个示例中的所有工作都由x +=这一行开始。在那里，目标值和当前值之间的差距被计算出来并乘上easing变量，然后再加到x上，使得它更接近目标。

示例5-9：用easing做出平滑的曲线

在这个例子中，缓动技术被用在第44页的示例5-7中。比较起来，可以看出这些线更加平滑了。

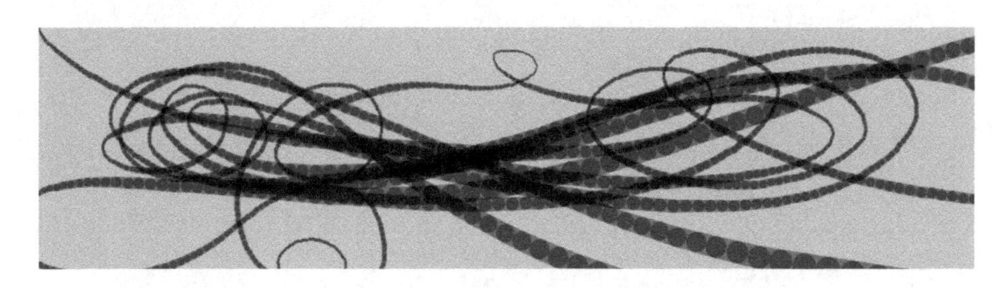

```
float x;
float y;
float px;
float py;
float easing = 0.05;

void setup() {
  size(480, 120);
  stroke(0, 102);
}
```

```
void draw() {
  float targetX = mouseX;
  x += (targetX - x) * easing;
  float targetY = mouseY;
  y += (targetY - y) * easing;
  float weight = dist(x, y, px, py);
  strokeWeight(weight);
  line(x, y, px, py);
  py = y;
  px = x;
}
```

单击

除了定位鼠标之外，Processing还捕捉鼠标是否被单击。mousePressed变量在鼠标单击和不单击的情况下有不同的值。mousePressed变量是一种布尔型（boolean）的数据格式，也就是说它只有两个可能的值——真（true）和假（false）。当鼠标被按下的时候mousePressed的值为真（true）。

示例5-10：单击鼠标

mousePressed变量与if判断语句一同使用来判断一行代码什么时候运行什么时候不运行。在我们做更多解释之前，先试试这个例子。

```
void setup() {
  size(240, 120);
  strokeWeight(30);
}

void draw() {
  background(204);
  stroke(102);
  line(40, 0, 70, height);
  if (mousePressed == true) {
    stroke(0);
  }
  line(0, 70, width, 50);
}
```

在这个程序中，if块中的代码只会在鼠标单击的时候运行。当不单击鼠标的时候，这段代码就被忽略了。就像第33页“循环”一节中讨论的for循环一样，if也有一个判断真（true）或者假（false）的条件判断（test）。

```
if (test) {
  statements
}
```

当条件判断为真（true）的时候，块中的代码运行；当条件判断为假（false）的时候，块中的程序便不运行。计算机根据括号中的表达式语句来判断真假（如果你想巩固一下记忆，关于条件表达式的讨论在第34页的示例4-6中）。

==符号通过比较左右两侧的值来检验它们是否相等。==符号与赋值符号（=）不同。==符号问“这些是不是相等”，而=符号是将值赋予一个变量。

当想要写==的时候误写成=，这是一个常见的错误，即使是有经验的程序员也常会疏漏。Processing在这种情况下不会提出警告，因此一定要注意。

当然，draw()中的判断可以写成这样：

```
if (mousePressed) {
```

布尔型的变量，包括mousePressed，都不需要写出==的操作来判断，因为他们本身就是真（true）或者假（false）。

示例5-11 ：当没有单击的时候进行检测

一个单if块让你判断一些代码是运行还是跳过。你可以将if块扩展为if-else语句结构，这允许你的程序在两个选项中做选择。当if块中的检测是假（false）的时候，else块中的代码就会运行。例如，这个程序中的线条颜色，当鼠标不单击的时候是白色，当鼠标单击的时候则变成黑色。

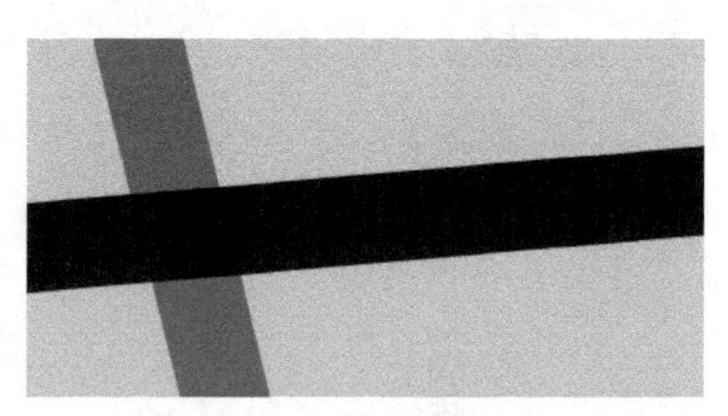

```
void setup() {
  size(240, 120);
  strokeWeight(30);
}

void draw() {
```

```
  background(204);
  stroke(102);
  line(40, 0, 70, height);
  if (mousePressed) {
    stroke(0);
  } else {
    stroke(255);
  }
  line(0, 70, width, 50);
}
```

示例5-12：鼠标不同键位单击

当你鼠标上的按键多于一个的时候，Processing还会判断是哪一个按键被单击了。mouseButton变量的值可以是LEFT、CENTER或者RIGHT中的任一个。想测试哪个键位被按下，应像这里展示的，==符号是必须的。

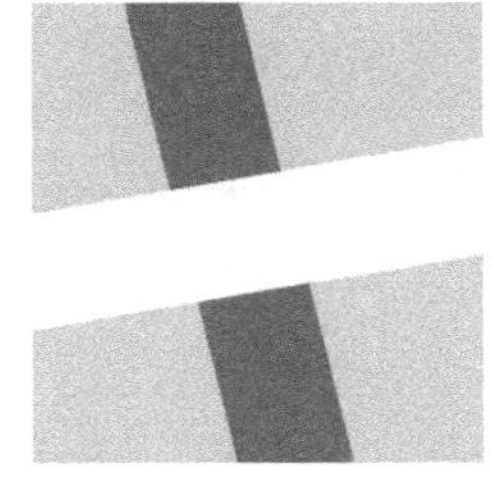
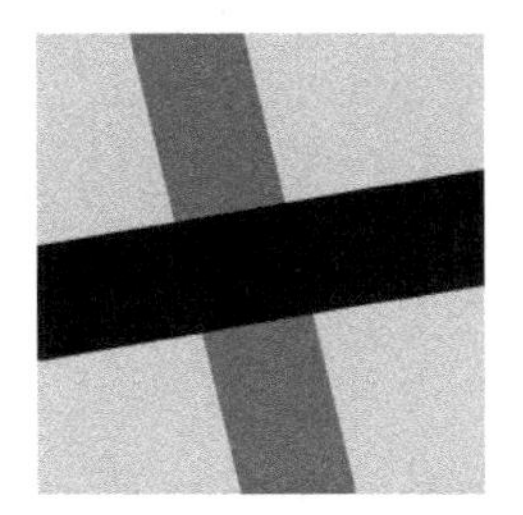

```
void setup() {
  size(120, 120);
  strokeWeight(30);
}

void draw() {
  background(204);
  stroke(102);
  line(40, 0, 70, height);
  if (mousePressed) {
    if (mouseButton == LEFT) {
      stroke(255);
    } else {
      stroke(0);
    }
    line(0, 70, width, 50);
  }
}
```

一个程序中会比短示例中有更多if-else结构（见图5-2）。它们判断语句可以被串联在一起成为一个长的序列，实现一些复杂的功能。If块可以被嵌套在其他if块中完成更复杂的决策。

```
if (test) {
  statements
}
```

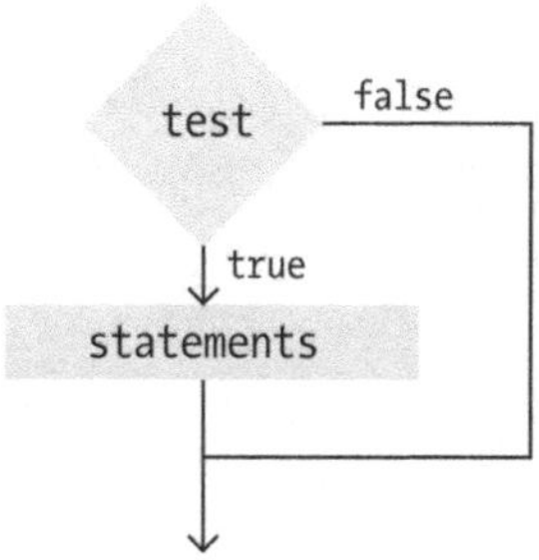

```
if (test) {
  statements 1
} else {
  statements 2
}
```

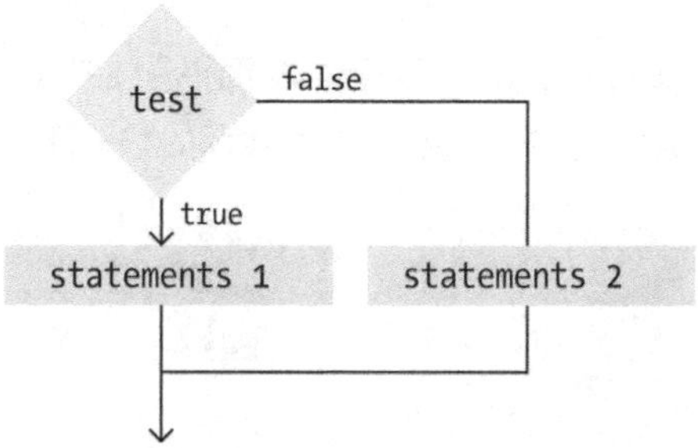

```
if (test 1) {
  statements 1
} else if (test 2) {
  statements 2
}
```

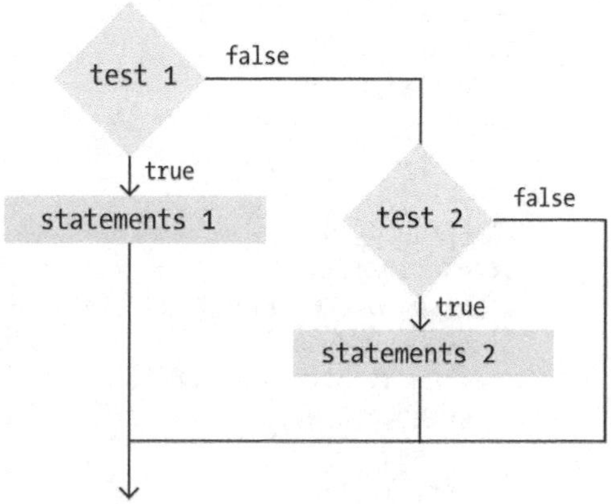

图5-2 if-else结构决定哪一块代码运行

定位

一个if结构可以用mouseX和mouseY值来判断鼠标在窗口中的位置。

示例5-13：寻找光标

例如，这个例子检测光标是在线的左侧还是右侧，然后让线追随光标。

```
float x;
int offset = 10;

void setup() {
  size(240, 120);
  x = width/2;
}

void draw() {
  background(204);
  if (mouseX > x) {
    x += 0.5;
    offset = -10;
  }
  if (mouseX < x) {
    x -= 0.5;
    offset = 10;
  }
  // 根据offset值决定是画左箭头还是画右箭头
  line(x, 0, x, height);
  line(mouseX, mouseY, mouseX + offset, mouseY - 10);
  line(mouseX, mouseY, mouseX + offset, mouseY + 10);
  line(mouseX, mouseY, mouseX + offset*3, mouseY);
}
```

为了编写有图形用户界面的程序（按钮、选项框、滚动条等），我们需要编写程序得知光标在屏幕中的哪一个区域。接下来的两个例子讲解了如何检测光标是否在圆形和矩形中，这段代码使用了变量，用了一种模块化的方式编写，因此它可以被用于检测任意改变尺寸的圆形和矩形。

示例5-14：圆形的边界

为了检验圆形，我们使用dist()函数来得到圆心到光标的距离，然后我们判断这个距离是否小于圆形的半径（见图5-3）。如果小于圆形的半径，我们就知道光标在圆内。在这个例子中，当光标在圆形区域中的时候，它的尺寸会变大。

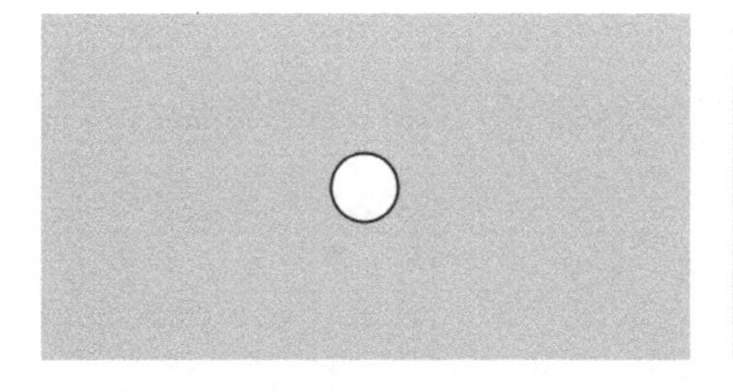

```
int x = 120;
int y = 60;
int radius = 12;

void setup() {
  size(240, 120);
  ellipseMode(RADIUS);
}

void draw() {
  background(204);
  float d = dist(mouseX, mouseY, x, y);
  if (d < radius) {
    radius++;
    fill(0);
  } else {
    fill(255);
  }
  ellipse(x, y, radius, radius);
}
```

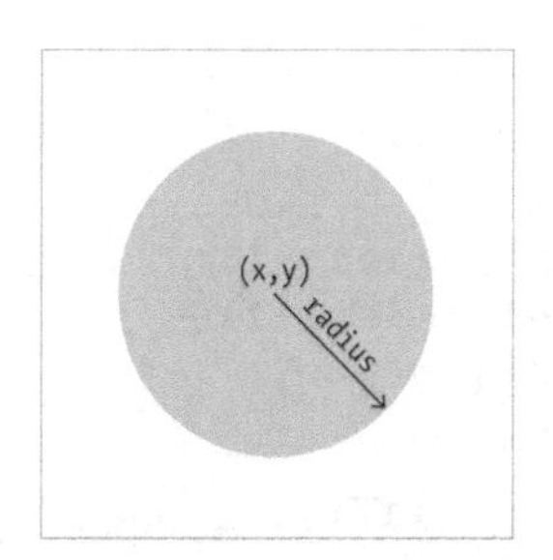

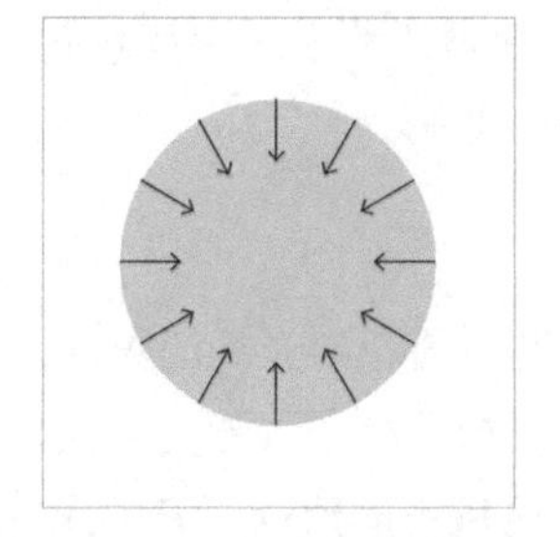

dist(x, y, mouseX, mouseY) < radius

图5-3 圆形覆盖测试。当那个光标和圆形之间的距离小于半径的时候，光标就在圆内。

示例5-15：矩形的边界

我们用另一种方法来检测光标是否在一个矩形中。我们用做4个独立的检测来检查光标是否在矩形符合条件的边上，然后我们比较每个检测结果，如果它们都是真，我们就知道光标在矩形里面。这在图5-4中有说明。每一个步骤都很简单，但当放在一起的时候它们看起来有些复杂。

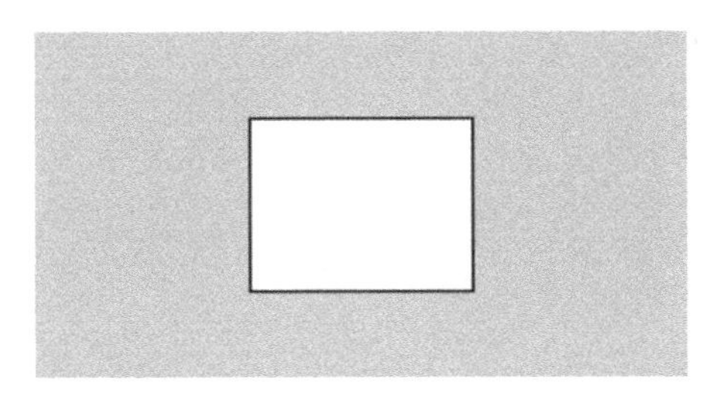

```
int x = 80;
int y = 30;
int w = 80;
int h = 60;

void setup() {
  size(240, 120);
}

void draw() {
  background(204);
  if ((mouseX > x) && (mouseX < x+w) &&
      (mouseY > y) && (mouseY < y+h)) {
    fill(0);
  } else {
    fill(255);
  }
  rect(x, y, w, h);
}
```

在if声明中的检测工作比我们之前见过的检测工作稍微复杂一些。4个独立的检测步骤（例如mouseX>x）由逻辑操作符“且”（&&）连接起来，用来确保这个序列中的每一个相关的表达式都是真，结果才为真。如果其中有一个是假，整个检测返回的值就是假，填充颜色将不会是黑色。关于&&符号的使用在后面的引用文献中有进一步说明。

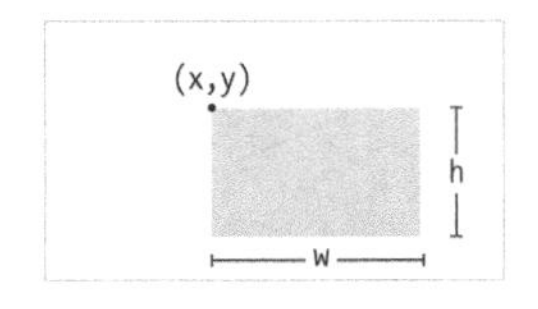

图5-4　矩形覆盖测试。当所有的检测都被执行且结果为真的时候，表示光标在矩形内部。

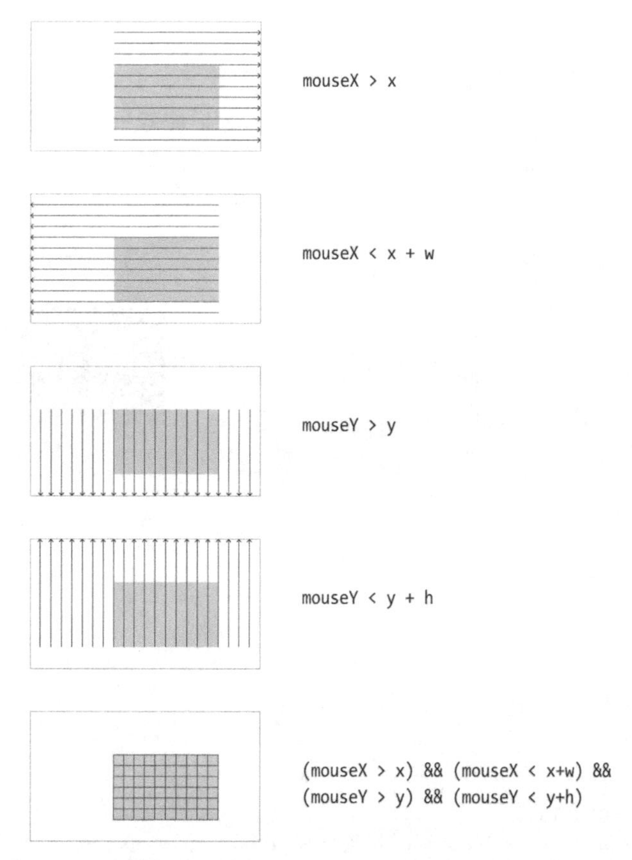

图5-4　矩形覆盖测试。当所有的检测都被执行且结果为真的时候，表示光标在矩形内部（续）。

类型

Processing还会跟踪键盘上的哪一个按键被按下，以及最后一个被按下的键。就像mousePressed变量一样，keyPressed变量在按键按下的时候是真，按键松开的时候为假。

示例5-16：检测按键

在这个例子中，当任意键被按下的时候会绘制第二条线。

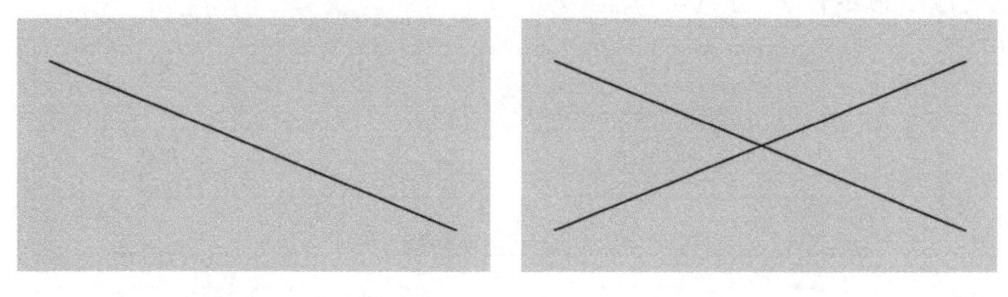

```
void setup() {
  size(240, 120);
}

void draw() {
  background(204);
  line(20, 20, 220, 100);
  if (keyPressed) {
    line(220, 20, 20, 100);
  }
}
```

Key变量中存储了最后一个被按下的键的信息，key的数据类型是字符型（char），也就是字符“character”一词的简写，但通常像“charcoal”的第一个音节一样发音。一个字符型变量能存储一个单独的字符，包括字母表中的字母、数字和符号。不像字符串（string）类型的值（见第77页的示例7-8）是用双引号引起来，字符型数据用单引号引起来。下面是一个字符型变量是如何被声明和赋值的例子。

```
char c = 'A';  // 声明并对变量c赋值为'A'
```

这些尝试会导致错误：

```
char c = "A";  // 错误！不能将一个字符串赋值给一个字符变量
char h = A;    // 错误！丢失了双引号
```

不像布尔型（boolean）变量，keyPressed每次按键松开的时候都返回一个假（false），key变量会一直存储原来的值，直到下一个按键被按下。下面的例子使用key的值在屏幕上绘制字符。每次一个新的按键被按下的时候，key的值就会更新，然后画新的字符。但像Shift和Alt这样的按键没有一个视觉字符来表示，因此按下它们的时候什么都不会画出来。

示例5-17 ：绘制一些字母

这个例子使用textSize( )函数设置字母的尺寸，用textAlign( )函数设置文字在它的x轴中心上，用text( )函数绘制文字。这些函数会在第75页的“字体”一节中详细介绍。

```
void setup() {
  size(120, 120);
  textSize(64);
  textAlign(CENTER);
}

void draw() {
  background(0);
  text(key, 60, 80);
}
```

使用if结构，我们可以检测是否有特定的键被按下了，并选择性地在屏幕上绘制一些内容。

示例5-18：检查特殊按键

在这个例子中，我们检测输入的是否是H或者N。我们使用比较操作符"=="，来检测key的值是否和我们查找的字符相同。

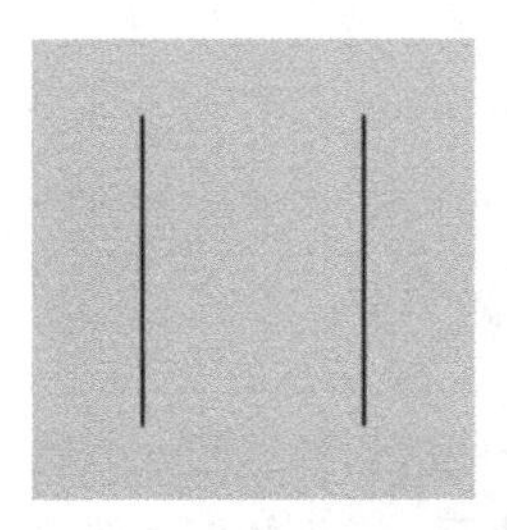

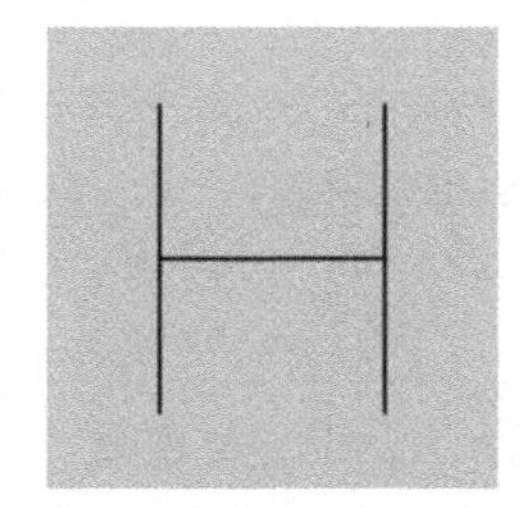

```
void setup() {
  size(120, 120);
}

void draw() {
  background(204);
  if (keyPressed) {
    if ((key == 'h') || (key == 'H')) {
      line(30, 60, 90, 60);
    }
    if ((key == 'n') || (key == 'N')) {
      line(30, 20, 90, 100);
    }
  }
  line(30, 20, 30, 100);
  line(90, 20, 90, 100);
}
```

当我们观察是否H键或者N键被按下的时候，我们还需要检测它们是大写还是小写，即是否有人按了Shift键或者用Caps Lock键锁定。我们用逻辑操作符

“或”（||）把两种检测方式连起来。如果我们把第二个if判断句中的文字翻译过来的话，意思就是：“如果小写的h键或者大写的H键被按下的时候”。逻辑“或”不像逻辑“与”（&&），只要其中一个表达式为真（true），那么检测的返回值就是真（true）。

有些按键很难被检测到，因为它们没有一个特定的字符表示。例如Shift键、Alt键以及方向键都需要一个额外的步骤来判断它们是否被按下了。首先，我们要检测按下的键是否是一个有编码的键（coded key），然后我们用keyCode变量来识别它是哪一个键。最常用的keyCode值是ALT、CONTROL和SHIFT，方向键UP、DOWN、LEFT和RIGHT同样也很常用。

示例5-19：用方向键移动

下面的例子展示了如何检测方向键左键或者右键，并控制一个矩形的移动。

```
int x = 215;

void setup() {
  size(480, 120);
}

void draw() {
  if (keyPressed && (key == CODED)) {  // 如果按下了一个方向键
    if (keyCode == LEFT) {  // 如果是向左
      x--;
    } else if (keyCode == RIGHT) {  // 如果是向右
      x++;
    }
  }
  rect(x, 45, 50, 50);
}
```

映射

用鼠标单击和键盘按键创建的数字通常都需要被程序处理之后才可用。比如说，如果草图程序的尺寸是1920像素宽，mouseX的值被用于设置背景的颜色，那么0~1920的光标位置数值就需要被转变为0~255的数值，以更好地控制颜色。这种转换可以用一个赋值符和一个map()函数完成

示例5-20：将值映射到范围

在这个例子中，两条线的位置由mouseX变量来控制。灰色的线与光标位置同步，但黑色的线保持在距屏幕中心更近的位置，距离左右边的白线更远。

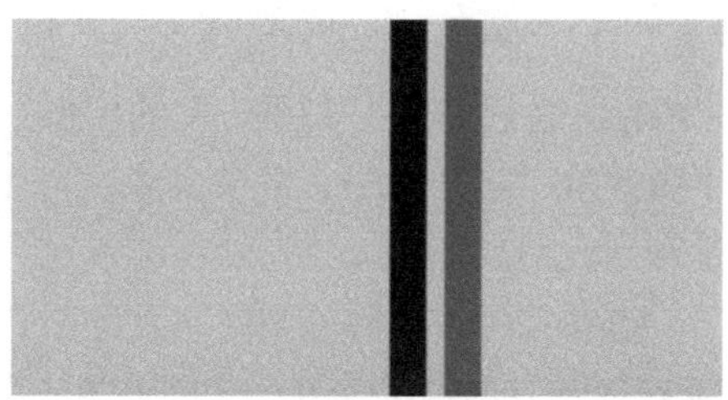

```
void setup() {
  size(240, 120);
  strokeWeight(12);
}

void draw() {
  background(204);
  stroke(102);
  line(mouseX, 0, mouseX, height);  // 灰线
  stroke(0);
  float mx = mouseX/2 + 60;
  line(mx, 0, mx, height);  // 黑线
}
```

使用map( )函数是一种更常见的实现这种转换的方式，它将一个变量从它的范围转变为另一个范围。它的第一个参数是被转变的变量，第二个和第三个参数是变量的最小值和最大值，第四个和第五个参数是转换目标的最小值和最大值。map( )函数将转换的数学方法隐藏起来了。

示例5-21：用map( )函数做转换

这个例子是用map( )函数重写了第57页的示例5-20。

```
void setup() {
  size(240, 120);
  strokeWeight(12);
}

void draw() {
  background(204);
  stroke(102);
  line(mouseX, 0, mouseX, height);  // 灰线
  stroke(0);
  float mx = map(mouseX, 0, width, 60, 180);
  line(mx, 0, mx, height);  // 黑线
}
```

map( )函数使得代码更易读，因为最小值和最大值被写成了更清晰的参数。在这个例子中，mouseX的值从0到width（窗口宽度）转变为60~180（从mouseX为0到mouseX为width）。你会发现有用的map( )函数贯穿在本书的众多示例中。

机器人3：响应

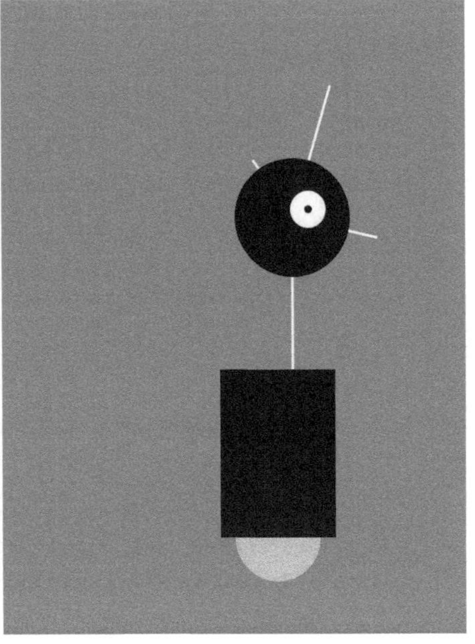

这个程序使用了机器人2中介绍的变量（见第39页的“机器人2：变量”），并且让变量在程序运行中可以改变，这样这些形状就可以对鼠标进行响应了。代码在draw( )函数的代码块中每秒运行很多次，在每一帧中，程序中变量的定义都会响应mouseX和mousePress变量发生改变。

mouseX变量用一个缓动技术控制机器人的位置，这样移动就更加自然，不会非常突然。当一个鼠标按键被单击时，neckHeight和bodyHeight的值就会改变，从而让这个机器人更短。

```
float x = 60;           // x坐标
float y = 440;          // y坐标
int radius = 45;        // 头部半径
int bodyHeight = 160;   // 身体高度
int neckHeight = 70;    // 脖子高度

float easing = 0.04;

void setup() {
  size(360, 480);
  ellipseMode(RADIUS);
}

void draw() {
  strokeWeight(2);
```

```
  int targetX = mouseX;
  x += (targetX - x) * easing;

  if (mousePressed) {
    neckHeight = 16;
    bodyHeight = 90;
  } else {
    neckHeight = 70;
    bodyHeight = 160;
  }

  float neckY = y - bodyHeight - neckHeight - radius;

  background(0, 153, 204);

  // 脖子
  stroke(255);
  line(x+12, y-bodyHeight, x+12, neckY);

  // 天线
  line(x+12, neckY, x-18, neckY-43);
  line(x+12, neckY, x+42, neckY-99);
  line(x+12, neckY, x+78, neckY+15);

  // 身体
  noStroke();
  fill(255, 204, 0);
  ellipse(x, y-33, 33, 33);
  fill(0);
  rect(x-45, y-bodyHeight, 90, bodyHeight-33);
  // 头部
  fill(0);
  ellipse(x+12, neckY, radius, radius);
  fill(255);
  ellipse(x+24, neckY-6, 14, 14);
  fill(0);
  ellipse(x+24, neckY-6, 3, 3);
}
```

6 平移、旋转和缩放

另一种在屏幕上改变位置和移动物体的技术是改变屏幕的坐标系。举例来说，你可以将一个图形向右移动50像素，你也可以将坐标（0,0）向右移动50个像素，它们在视觉效果上是相同的。

平移

做转换的工作会比较棘手，但translate( )函数是最直截了当的，因此我们从这里开始。就像图6-1中展示的那样，这个函数可以改变坐标系，使之向左、向右、向上或者向下。

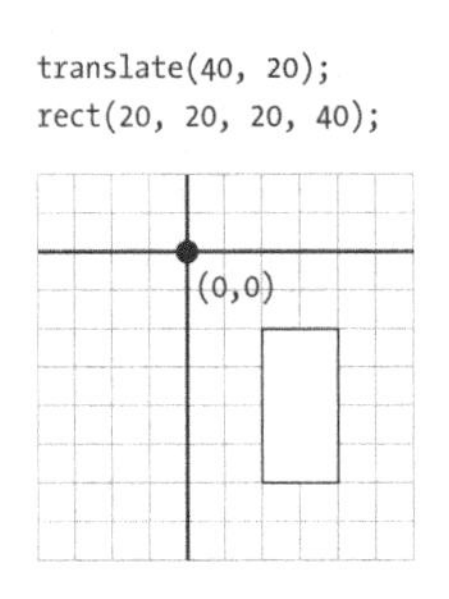

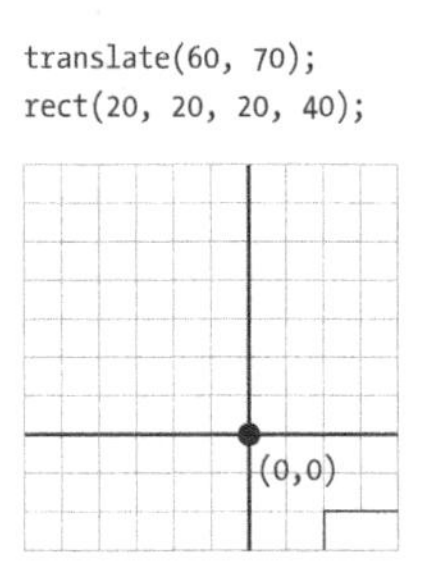

图6-1　改变坐标

通过修改默认的坐标系，我们可以创建不同的转换形式，包括平移、旋转和缩放。

示例6-1：平移位置

在这个例子中，要注意到矩形一直被绘制在坐标原点（0,0）上，但它在整个屏幕中移动，因为它受translate( )函数影响。

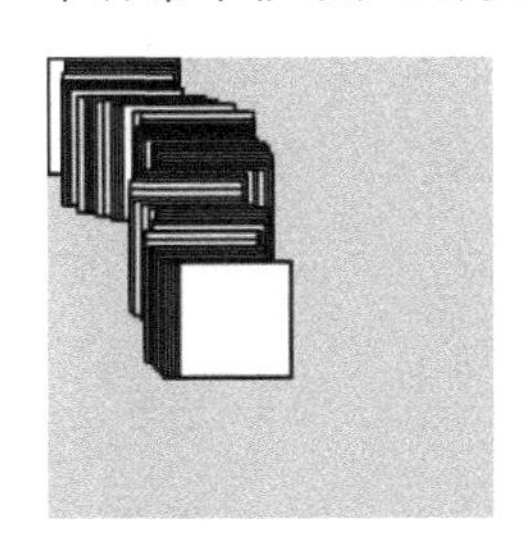

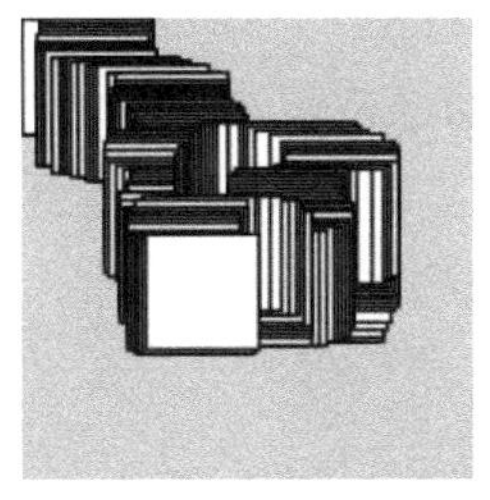

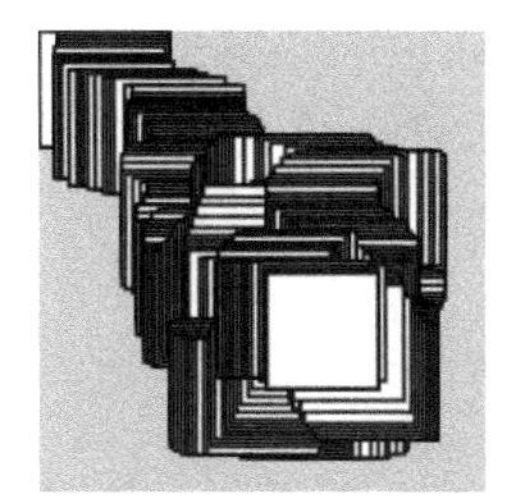

```
void setup() {
  size(120, 120);
}

void draw() {
  translate(mouseX, mouseY);
  rect(0, 0, 30, 30);
}
```

在这里，translate( )函数设置屏幕中的（0,0）坐标为鼠标的位置（mouseX和mouseY）。每次draw( )函数运行的时候，rect( )函数就会在新的原点绘制，也就是当前的鼠标位置。

示例6-2：多重变换

当一个平移执行之后，它会被应用于接下来所有的绘图方法中。注意一下当第二个translate函数被添加进来控制第二个矩形的时候发生了什么。

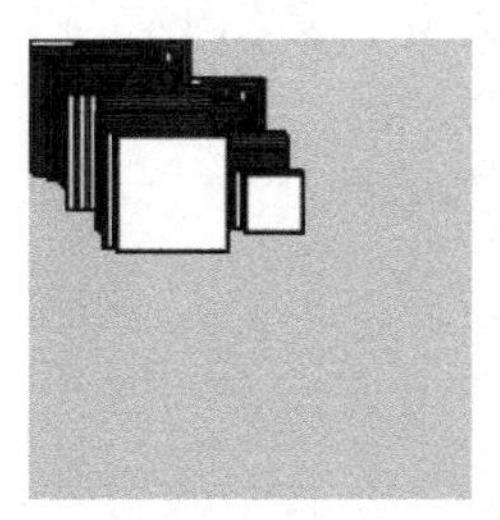
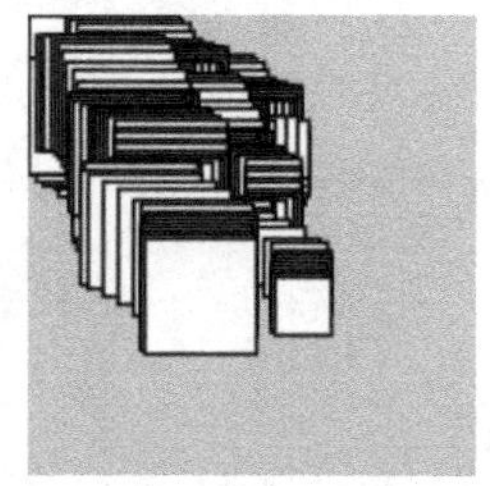
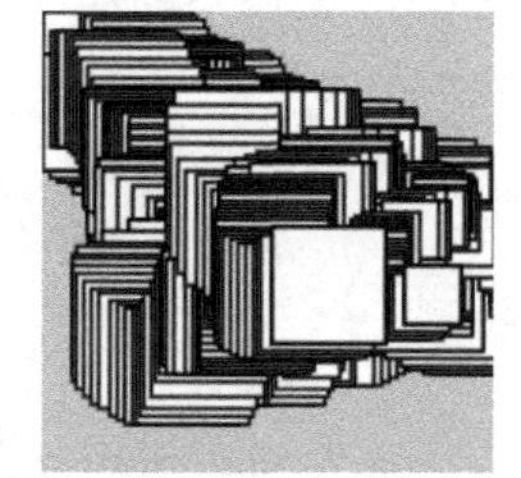

```
void setup() {
  size(120, 120);
}

void draw() {
  translate(mouseX, mouseY);
  rect(0, 0, 30, 30);
  translate(35, 10);
  rect(0, 0, 15, 15);
}
```

translate( )函数的值被加在一起，小一点的矩形被移动了mouseX+35和mouseY+10的距离。这两个矩形的x坐标和y坐标都是0，但translate( )函数使它们移动到了屏幕的不同位置上。

当然，尽管在draw( )函数中位移的信息叠加起来了，但它们都会在每次draw( )函数开始的时候被重置。

旋转

rotate( )函数会旋转整个坐标系。它有一个参数，是要旋转的角度（用弧度制表示）。它总是相对于（0,0）点进行旋转，也就是沿原点旋转。在第14页示例3-7的图3-2中展示了角度值的表示方式。图6-2展示了用正数和负数进行旋转的区别。

```
rotate(PI/12.0)
rect(20, 20, 20, 40);
```

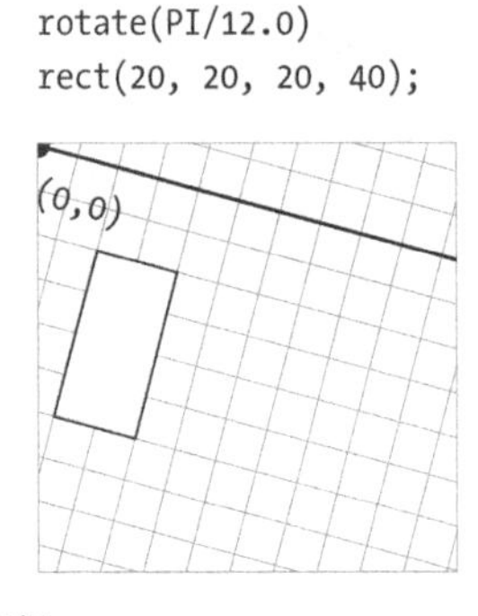


```
rotate(-PI/3);
rect(20, 20, 20, 40);
```

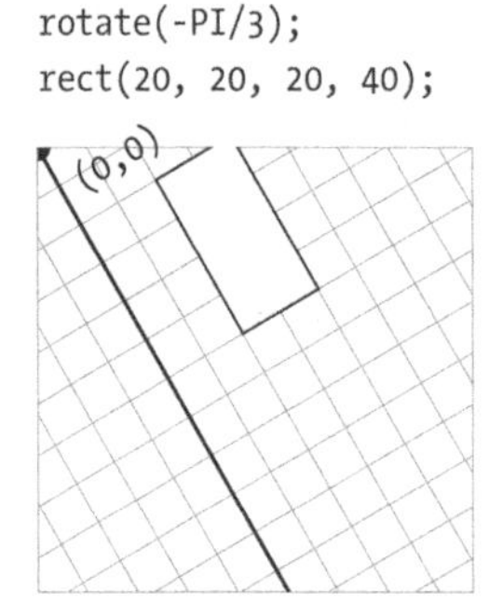

图6-2　**旋转坐标**

示例6-3：沿角旋转

为了旋转一个图形，首先要用rotate( )函数定义旋转的角度，然后再绘制图形。在这个草图程序中，定义旋转角度的范围（mouseX/100.0）会是0~1.2，因为mouseX会是0~120，也就是用size( )函数设定的运行窗口宽度。需要注意的是，你需要除以100.0而不是100，这是由Processing中数字的工作原理决定的（见第30页的“定义变量”）。

```
void setup() {
  size(120, 120);
}

void draw() {
  rotate(mouseX / 100.0);
  rect(40, 30, 160, 20);
}
```

示例6-4：中心旋转

为了让一个图形沿它自己的中心旋转，它的中心必须被绘制在（0,0）点上。在这个例子中，由于图形由rect()函数定义为160像素宽、20像素高，故它需要被绘制在（-80,-10）的坐标上，代替（0,0）成为图形的中心。

  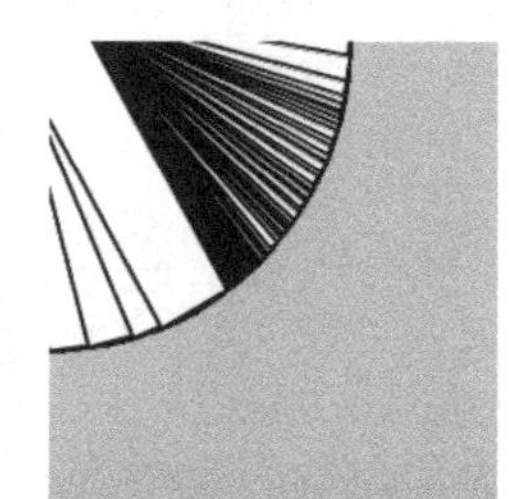

```
void setup() {
  size(120, 120);
}

void draw() {
  rotate(mouseX / 100.0);
  rect(-80, -10, 160, 20);
}
```

上面的两个例子展示了如何沿（0,0）坐标进行旋转，但如何按其他可能的方式旋转呢？你可以使用translate()函数和rotate()函数来做更多的控制。当它们被联合使用的时候，它们出现的顺序会影响结果。如果坐标系先被移动然后再旋转，结果会和先旋转再移动不同。

示例6-5：移动，然后再旋转

为了让一个图形沿中心旋转并在屏幕中沿原点移动，首先要使用translate()函数来移动你想要放置图形的位置，然后再调用rotate()函数，之后再绘制图形让它的原点在坐标（0,0）上。

```
float angle = 0;

void setup() {
  size(120, 120);
}
```

```
void draw() {
  translate(mouseX, mouseY);
  rotate(angle);
  rect(-15, -15, 30, 30);
  angle += 0.1;
}
```

示例6-6：旋转，然后再移动

接下来这个例子几乎与第64页的示例6-5相同，除了translate( )函数和rotate( )函数的顺序相反。现在，这个图形沿着显示窗口左上角旋转，它距离顶角的位置由translate( )函数决定。

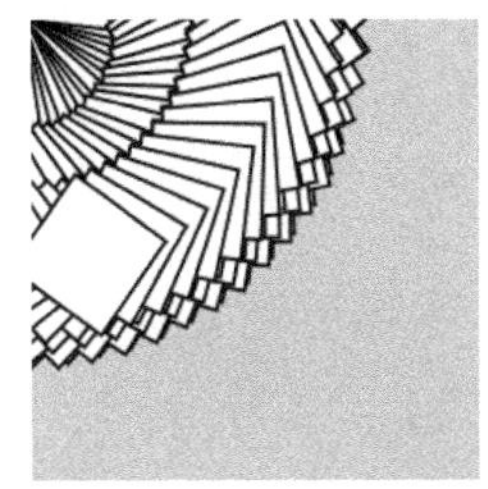
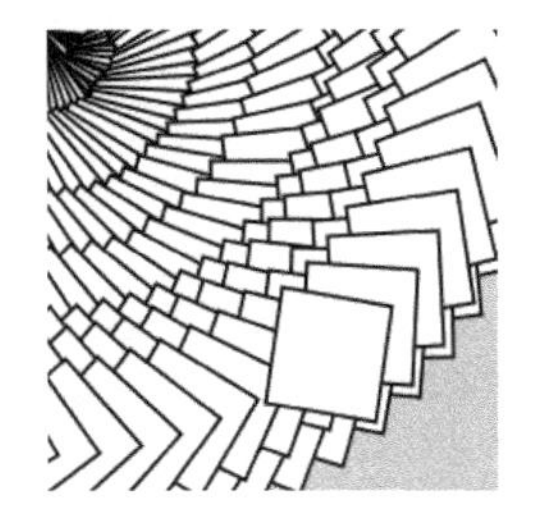

```
float angle = 0.0;

void setup() {
  size(120, 120);
}

void draw() {
  rotate(angle);
  translate(mouseX, mouseY);
  rect(-15, -15, 30, 30);
  angle += 0.1;
}
```

另外一种方式是使用rectMode( )、ellipseMode( )、imageMode( )和shapeMode( )函数，它们使沿中心绘制图形更加容易。你可以在参考引用（Precessing Reference）中读到它们。

示例6-7：一个关节臂

在这个例子中，我们使用一系列translate( )和rotate( )函数来创建一个前后弯曲的连接臂。每一个translate( )函数都进一步移动线的位置，每一个rotate( )函数都叠加在上一个旋转上以进一步弯曲。

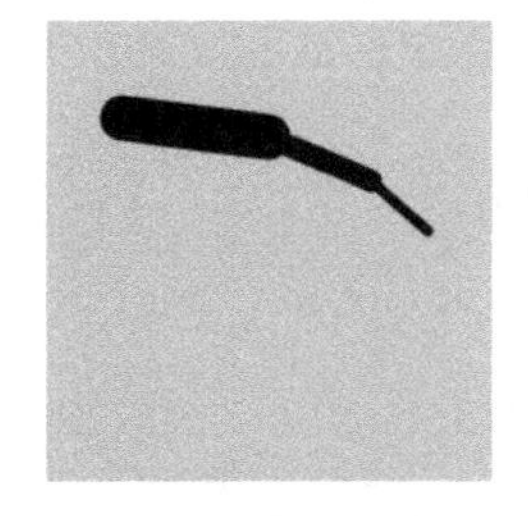 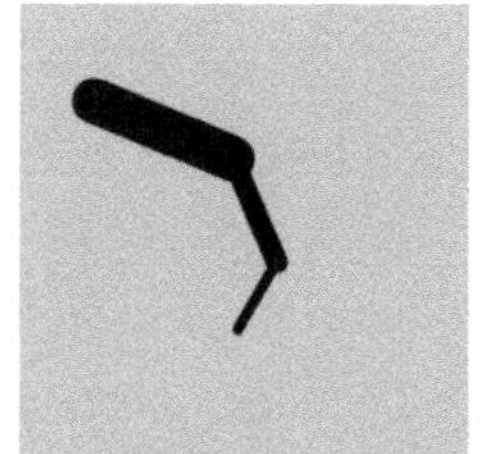 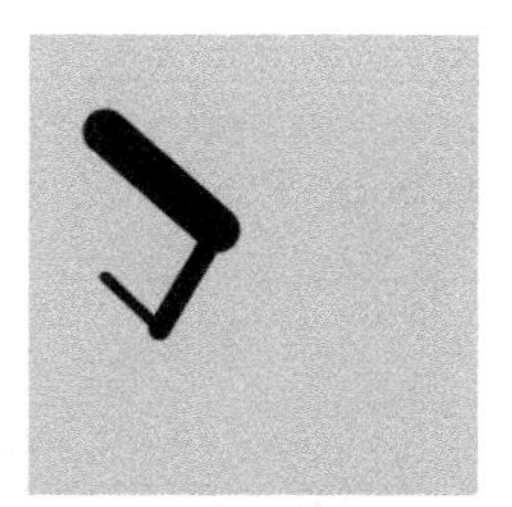

```
float angle = 0.0;
float angleDirection = 1;
float speed = 0.005;

void setup() {
  size(120, 120);
}

void draw() {
  background(204);
  translate(20, 25);  // 移动到开始的位置
  rotate(angle);
  strokeWeight(12);
  line(0, 0, 40, 0);
  translate(40, 0);   // 移动到下一个连接点
  rotate(angle * 2.0);
  strokeWeight(6);
  line(0, 0, 30, 0);
  translate(30, 0);   // 移动到下一个连接点
  rotate(angle * 2.5);
  strokeWeight(3);
  line(0, 0, 20, 0);

  angle += speed * angleDirection;
  if ((angle > QUARTER_PI) || (angle < 0)) {
    angleDirection = -angleDirection;
  }
}
```

Angle变量从0增长到QUARTER_PI（1/4π），然后开始减少直到小于0，然后再继续循环重复。AngleDirection变量的值一直是1或者-1，使得angle的值持续增加或者减小。

缩放

Scale( )函数可延展屏幕中的坐标。由于坐标按缩放尺度扩大或收缩，每一个绘制在显示窗口中的物体也都会按尺度放大或缩小。使用scale(1.5)使得每一个物体都是原来尺寸的150%，或者用scale(3)使得它们都放大3倍。使用scale(1)不会产生任何影响，因为每一个物体都还是原来尺寸的100%。为了让它们变成原来尺寸的一半，可以用scale(0.5)。

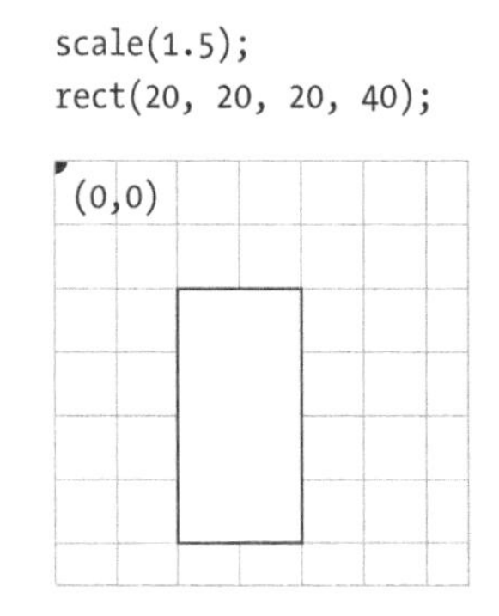

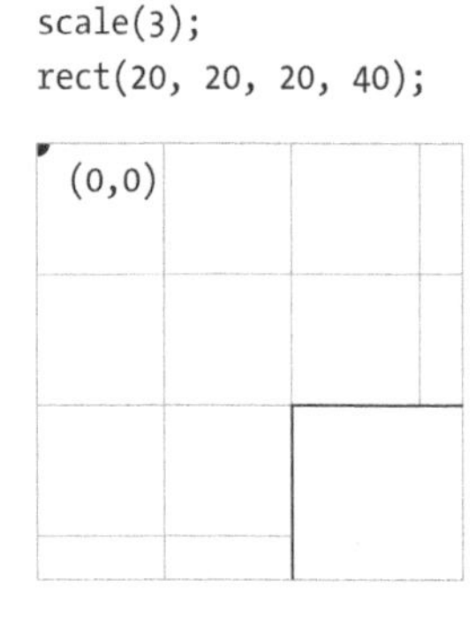

图6-3　缩放坐标

示例6-8：缩放

就像rotate( )函数一样，scale( )函数也沿原点进行变换。因此，就像rotate( )函数那样，为了让一个图形沿其中心缩放，要先移动位置和缩放，然后再将图形中心绘制在坐标（0,0）上。

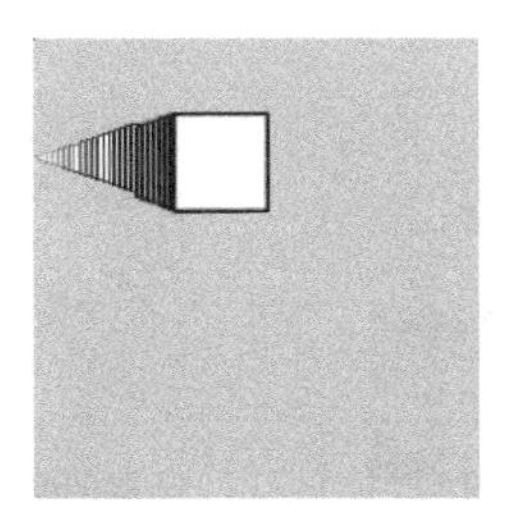
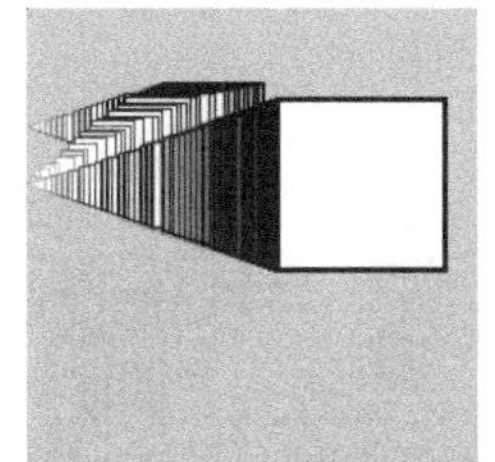
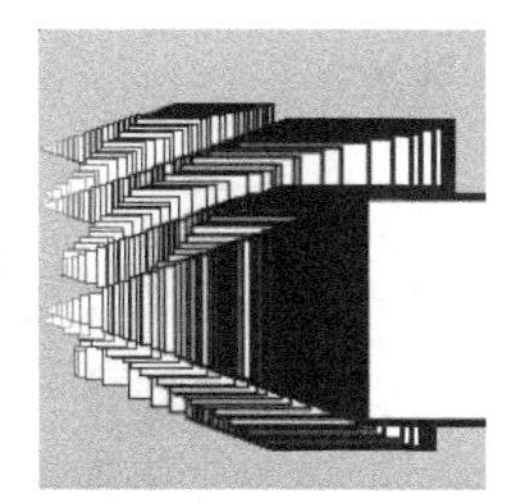

```
void setup() {
  size(120, 120);
}
void draw() {
  translate(mouseX, mouseY);
  scale(mouseX / 60.0);
  rect(-15, -15, 30, 30);
}
```

示例6-9：保持描边一致

从第67页示例6-8中线叠在一起，你可以看到scale( )方法影响了描边粗细。为了在图形缩放中保持一个一致的描边粗细，需要用所期望的描边粗细除以一个标量值。

```
void setup() {
  size(120, 120);
}

void draw() {
  translate(mouseX, mouseY);
  float scalar = mouseX / 60.0;
  scale(scalar);
  strokeWeight(1.0 / scalar);
  rect(-15, -15, 30, 30);
}
```

压栈和弹出

为了使每次变换的效果独立并且不互相影响，可以使用pushMatrix( )和popMatrix( )函数。当pushMatrix( )函数运行的时候，它保存一个当前坐标系的备份，然后在调用popMatrix( )函数之后还原。当希望变换的效果应用在一个图形上并且不希望影响其他图形的时候，这是非常有用的。

示例6-10：独立的变换

在这个例子中，小一些的矩形总在同一位置绘制，因为translate(mouseX, mouseY）函数的效果被popMatrix( )函数抵消了。

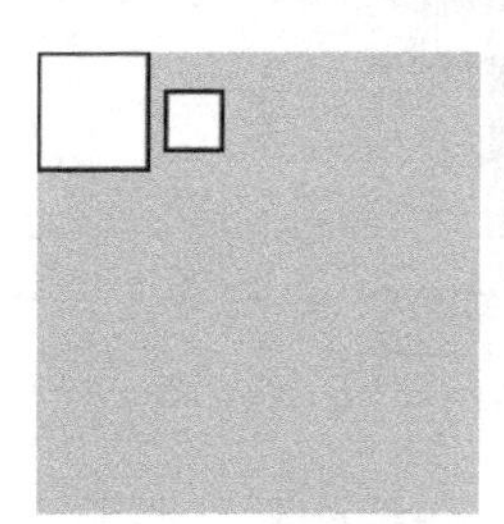
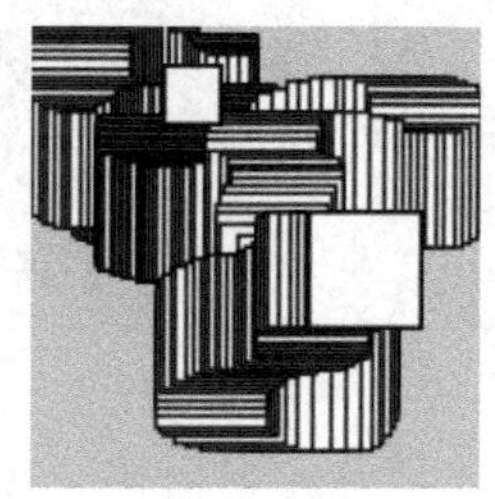
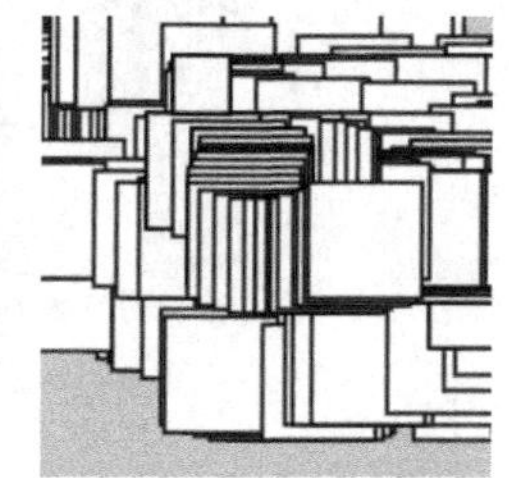

```
void setup() {
  size(120, 120);
}

void draw() {
  pushMatrix();
  translate(mouseX, mouseY);
  rect(0, 0, 30, 30);
  popMatrix();
  translate(35, 10);
  rect(0, 0, 15, 15);
}
```

pushMatrix( ) 和 popMatrix( ) 函数总是成对使用。对于每一个 pushMatrix( ) 函数，你都需要一个相对应的 popMatrix( ) 函数。

机器人4：平移、旋转和缩放

translate( )、rotate( ) 和 scale( ) 函数都在这个改进版的机器人草图程序中被用到。与第 59 页的“机器人 3：响应”相关，translate( ) 函数被用来让代码更易读。在这里，注意 x 的值不再需要被加到每一个绘制函数了，因为 translate( ) 函数让所有物体都移动了。

与之相似，scale( ) 函数用来设置整个机器人的尺寸。当鼠标没有单击的时候，尺寸被缩小为 60%，当鼠标单击的时候，对应原有的坐标系它变为 100%。

rotate( ) 函数被用在一个循环中，绘制一条线，旋转一点儿，然后再绘制一条线，如此往复，直到绕着一个半圆绘制出 30 条线，表示机器人一头可爱的头发。

```
float x = 60;            // x坐标
float y = 440;           // y坐标
int radius = 45;         // 头部半径
int bodyHeight = 180;    // 身体高度
int neckHeight = 40;     // 脖子高度

float easing = 0.04;
```

```
void setup() {
  size(360, 480);
  ellipseMode(RADIUS);
}

void draw() {
  strokeWeight(2);

  float neckY = -1 * (bodyHeight + neckHeight + radius);

  background(0, 153, 204);

  translate(mouseX, y);  // 将所有移动到 (mouseX, y)

  if (mousePressed) {
    scale(1.0);
  } else {
    scale(0.6);  // 当鼠标没有单击的时候变为原来的60%
  }

  // 身体
  noStroke();
  fill(255, 204, 0);
  ellipse(0, -33, 33, 33);
  fill(0);
  rect(-45, -bodyHeight, 90, bodyHeight-33);

  // 脖子
  stroke(255);
  line(12, -bodyHeight, 12, neckY);

  // 头发
  pushMatrix();
  translate(12, neckY);
  float angle = -PI/30.0;
  for (int i = 0; i <= 30; i++) {
    line(80, 0, 0, 0);
    rotate(angle);
  }
  popMatrix();

  // 头部
  noStroke();
  fill(0);
  ellipse(12, neckY, radius, radius);
  fill(255);
  ellipse(24, neckY-6, 14, 14);
  fill(0);
  ellipse(24, neckY-6, 3, 3);
}
```

7 媒体

Processing所能绘制的东西远不止单纯的线和图形。是时候来学习如何在我们的程序中加载栅格图像、矢量图形以及文字，来丰富照片的视觉风格、细化图表细节以及使用多样的文字了。

Processing使用一个命名为data的文件夹来存储这些文件，当移动草图程序位置或者输出它们的时候，你不用去考虑这些文件的位置。

下载这个文件，将它解压到桌面上（或者其他方便的地方），然后记下它的位置。

在Mac OS X上解压只需要双击这个文件，它会创建一个被命名为media的文件夹。在Windows上，双击media.zip文件，它会打开一个新的窗口，在这个窗口中，将media文件夹拖曳到桌面上。

创建一个新的草图程序，然后从草图（Sketch）菜单中选择添加文件（Add File）。从你刚刚解压的media文件夹中找到lunar.jpg文件并选择它。如果一切顺利，消息区域会显示“一个文件被添加到当前草图”（One file added to the sketch）。

要检查这个文件，选择草图（Sketch）菜单下的打开草图文件夹（Show Sketch Folder）。你会看到一个名叫data的文件夹，里面有一个lunar.jpg的备份。当你添加一个文件到草图文件的时候，会自动创建data文件夹。除了使用添加文件（Add File）的菜单命令外，你还可以通过直接将文件拖曳到Processing窗口的编辑区域来达到相同的效果。文件一样会被复制到data文件夹（如果原先没有data文件夹的话，它会被创建）。

你还可以在Processing程序之外创建data文件夹，并且自己复制文件。这样当文件被添加的时候在消息区域不会给你提示，但当你要处理大量文件的时候，这种方法很有用。

在Windows和Mac OS X上，扩展名是默认隐藏的。改变这个选项使你总能看到文件全名是更好的方案。在Mac OS X上，选择查找（Finder）菜单的参数选择（Preference），然后确保“显示所有文件扩展名”（Show all filename extensions）在高级选项卡中是选中的。在Windows上，找到文件夹选项（Folder Options），然后在那里设置选项。

图像

在你将一幅图像绘制到屏幕之前需要进行以下3个步骤。

1．将图像添加到草图程序的data文件夹中（就是之前所说的）。

2．创建PImage变量来存储图像。

3．使用loadImage( )将图像加载到变量。

示例7-1：加载图像

在上面3个步骤完成之后，你可以使用image( )函数将图像绘制到屏幕上。image( )函数的第一个参数指定绘制的图像，第二个和第三个参数设置图像的x坐标和y坐标。

```
PImage img;

void setup() {
  size(480, 120);
  img = loadImage("lunar.jpg");
}

void draw() {
  image(img, 0, 0);
}
```

可选的第四个参数和第五个参数用来设置绘制图像的宽度和高度。如果它们没有被使用的话，图像就会按原始尺寸绘制。

下面的例子展示了如何在一个程序中使用多张图片和如何缩放图片。

示例7-2：加载更多图像

在这个例子中，你需要使用之前提到的一个方法，增加capsule.jpg文件（见你所下载的media文件夹）到草图程序中。

```
PImage img1;
PImage img2;

void setup() {
  size(480, 120);
  img1 = loadImage("lunar.jpg");
  img2 = loadImage("capsule.jpg");
}

void draw() {
  image(img1, -120, 0);
  image(img1, 130, 0, 240, 120);
  image(img2, 300, 0, 240, 120);
}
```

示例7-3：鼠标控制图片

当mouseX和mouseY的值被用于image( )函数的第四个参数和第五个参数时，图像的尺寸就会随鼠标变化而变化。

```
PImage img;

void setup() {
  size(480, 120);
  img = loadImage("lunar.jpg");
}

void draw() {
  background(0);
  image(img, 0, 0, mouseX * 2, mouseY * 2);
}
```

当一张图像从原始尺寸放大或者缩小的时候，它有可能被拉伸扭曲。要注意准备一个大小合适的图片。当使用image( )函数改变图像尺寸的时候，硬盘中的原始图像并没有被改变。

Processing可以加载和显示JPEG、PNG、GIF等栅格图像（SVG格式的矢量图形可以用另一种方式显示，这会在本章第77页的“图形”一节中讲到）。你可以使用GIMP或者Photoshop等软件将图像转变为JPEG、PNG或者GIF格式。大部分数码照相机存储的JPEG图像比Processing草图程序的绘制区域大很多。因此把这些图像加载到data文件夹之前要重新设置图像的尺寸，这样可以让你的草图程序运行更流畅。

GIF和PNG图像支持透明，这意味着像素可以透明或者半透明（在第21页的示例3-17中可以回顾关于color( )和alpah值的讨论）。GIF图像有1位的透明度，这意味着像素要么是全透明要么是不透明。PNG图像有8位的透明度，也就是每个像素可以有丰富的透明层次。下面的例子将展示这种区别，使用你下载的media文件夹中的cloud.gif和cloud.png文件。在尝试每个例子之前确保它们被加载到了草图程序的项目中。

示例7-4：GIF的透明度

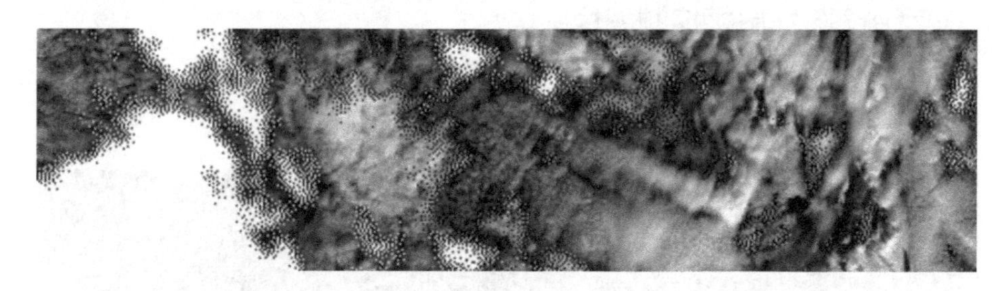

```
PImage img;

void setup() {
  size(480, 120);
  img = loadImage("clouds.gif");
}
void draw() {
  background(255);
  image(img, 0, 0);
  image(img, 0, mouseY * -1);
}
```

示例7-5：PNG的透明度

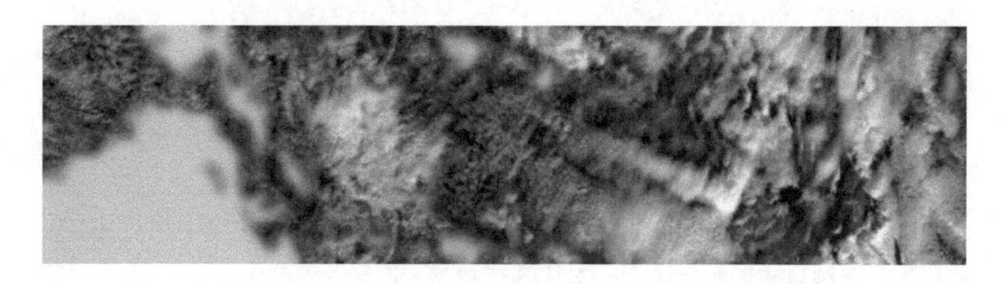

```
PImage img;

void setup() {
  size(480, 120);
  img = loadImage("clouds.png");
}

void draw() {
  background(204);
  image(img, 0, 0);
  image(img, 0, mouseY * -1);
}
```

要注意在加载图像的时候应包含文件后缀，如.gif、.jpg或者.png。另外要确保图像名称输入正确，和文件中的原名一致，包括大小写也要一致。还有，如果你忘记了，再阅读一下本章开头时的注意事项，确认文件的扩展名在Mac OS X和Windows中可见。

字体

Processing软件可以使用TrueType(.ttf）和OpenType(.otf）两种字体类型来显示文字，也可以使用一种常见的位图格式VLM来显示文字。下面我们从data文件夹中加载一个TrueType格式的字体，SourceCodePro-Refular.ttf字体在之前下载的media文件夹中可以找到。

下面这些网站是很好的资源，可以找到开源的字体用在Processing中。
- Google Fonts
- The Open Font Library
- The League of Moveable Type

现在可以加载字体并在草图程序中添加文字了。这部分和图像的操作基本一样，只多出一步。

1．将字体添加到data文件夹中（如上所述）。

2．创建一个PFont变量来存储字体。

3．创建这个字体并使用createFont( )函数将字体读取给变量，这会读取字体文件，然后创建一个特殊的可以被Processing使用的版本。

4．使用textFont( )函数来设置当前字体。

示例7-6：绘制字体

现在你可以用text( )函数在屏幕上绘制这些字母了，并且你可以用textSize( )函数来设置文字的尺寸。

That’s one small step fo

That’s one small step for man...

```
PFont font;

void setup() {
  size(480, 120);
  font = createFont("SourceCodePro-Regular.ttf", 32);
  textFont(font);
}
void draw() {
  background(102);
  textSize(32);
  text("That’s one small step for man...", 25, 60);
  textSize(16);
  text("That’s one small step for man...", 27, 90);
}
```

text( )函数的第一个参数是绘制在屏幕上的（一个或多个）字符，要注意这些字符要包含在引号之中。第二个和第三个参数设置水平和垂直的位置，定位的点取决于文字的基线（见图7-1）。

图7-1　排版坐标

示例7-7：在方框中绘制文字

你也可以在一个方框范围内绘制文字，通过设置第四个和第五个参数指定方框的宽度和高度。

That’s one small
step for man...

```
PFont font;

void setup() {
  size(480, 120);
  font = createFont("SourceCodePro-Regular.ttf", 24);
  textFont(font);
}
void draw() {
  background(102);
  text("That’s one small step for man...", 26, 24, 240, 100);
}
```

示例7-8：在字符串中存储文字

在之前的例子中，text( )函数中的文字让代码开始变得难以阅读。我们可以在变量中存储这些文字让代码更模块化。字符串（String）数据类型是用来存储文字数据的。这里是之前例子的新版本，使用了字符串（String）。

```
PFont font;
String quote = "That's one small step for man...";

void setup() {
  size(480, 120);
  font = createFont("SourceCodePro-Regular.ttf", 24);
  textFont(font);
}

void draw() {
  background(102);
  text(quote, 26, 24, 240, 100);
}
```

这里有一系列附加的函数来控制文字在屏幕上的显示。它们在Processing引用文档（Reference）的排版类型（Typography）分类中有示例讲解。

图形

如果你在程序中使用矢量图形，例如Inkscape或者Illustrator。你可以直接将它们加载到Processing里。这很有帮助，你不必使用Processing的绘图函数了。

和图像一样，你需要在读取前将它们添加到草图程序中。

这里有3步来读取并绘制SVG文件。

1. 将一个SVG文件添加到data文件夹中。
2. 创建一个PShape变量来存储矢量文件。
3. 用loadShape( )函数读取矢量文件。

示例7-9：绘制图形

经过这些步骤之后，你可以在屏幕中使用shape( )函数绘制图像了。

```
PShape network;

void setup() {
  size(480, 120);
  network = loadShape("network.svg");
}

void draw() {
  background(0);
  shape(network, 30, 10);
  shape(network, 180, 10, 280, 280);
}
```

shape( )函数的参数和image( )函数的参数相似。第一个参数告诉shape( )函数使用SVG来绘图，接下来的两个参数设置位置。可选的第四个和第五个参数设置宽度和高度。

示例7-10：缩放图形

不同于栅格的图像，矢量图形可以被缩放为任何尺寸而不会损失分辨率。在这个例子中，图形由mouseX变量来缩放尺寸。ShapeMode( )函数被用来沿中心绘制图形，而不是默认的左上角位置。

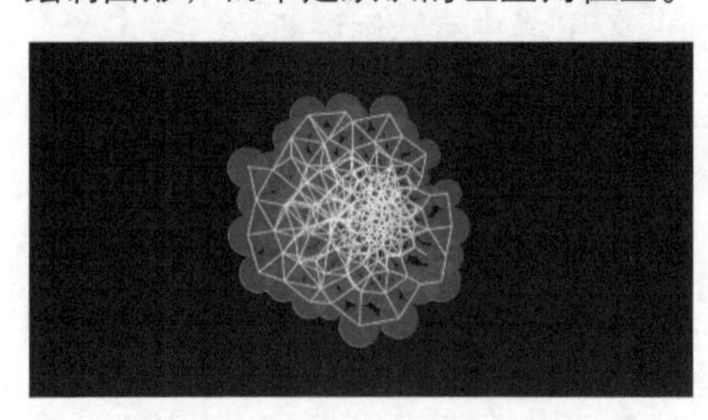
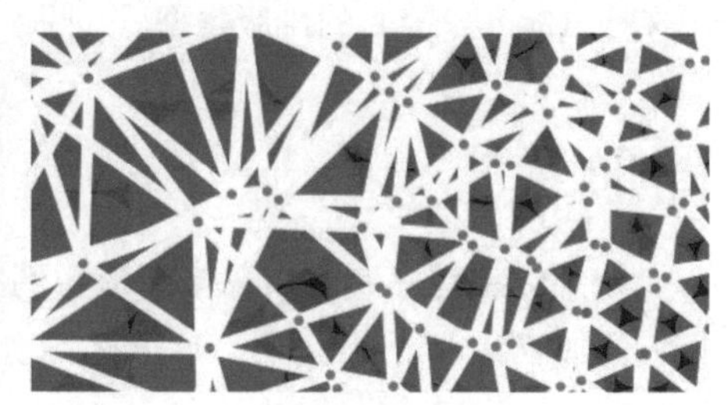

```
PShape network;

void setup() {
  size(240, 120);
  shapeMode(CENTER);
  network = loadShape("network.svg");
}

void draw() {
  background(0);
  float diameter = map(mouseX, 0, width, 10, 800);
  shape(network, 120, 60, diameter, diameter);
}
```

Procssing 并不支持所有的 SVG 特性，在 Processing 参考手册（Processing Reference）的 PShape 中查看更详细的信息。

示例 7-11：创建一个新的图形

除了通过 data 文件夹加载图形外，新的图形可以用代码通过 createShape( ) 函数创建。在下面的例子中，用 setup( ) 函数创建了第 24 页的示例 3-21 中的一个生物。一旦创建了图形，它就可以通过 shape( ) 函数在程序中的各个位置使用。

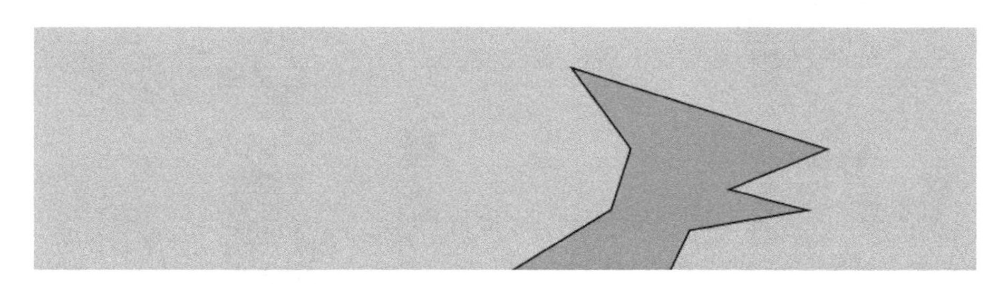

```
PShape dino;

void setup() {
  size(480, 120);
  dino = createShape();
  dino.beginShape();
  dino.fill(153, 176, 180);
  dino.vertex(50, 120);
  dino.vertex(100, 90);
  dino.vertex(110, 60);
  dino.vertex(80, 20);
  dino.vertex(210, 60);
  dino.vertex(160, 80);
  dino.vertex(200, 90);
  dino.vertex(140, 100);
```

```
    dino.vertex(130, 120);
    dino.endShape();
  }

  void draw() {
    background(204);
    translate(mouseX - 120, 0);
    shape(dino, 0, 0);
  }
```

当一个图形要绘制多次的时候，使用约定俗成的方法用createShape( )函数创建PShape可以让草图程序更高效。

机器人5：媒体

不像之前几章中的机器人，都是用线和矩形在Proecssing中绘制出来的，这些机器人是使用矢量绘图程序绘制的。对于一些形状，在Inkscape或者Illustrator这样的软件中操作比用代码的坐标要容易得多。

在两种图像创建方法之间选择本身就是一种取舍。当用Processing定义形状的时候，在程序运行中修改它们会更灵活。如果这些形状从其他地方定义然后加载到Processing中，对它们的改变就仅限于位置、角度和尺寸。当从SVG文件中加载每个机器人的时候，就像这个例子中显示的那样，在机器人2(第39页的“机器人2：变量”）中那样的变化调整就不可能了。

由其他软件创建的图像或者用摄像机扑捉到的画面可以被加载到一个程序中以丰富视觉。当这个图像用于背景的时候，我们的机器人就像在20世纪初的挪威探测生命活动。

```
PShape bot1;
PShape bot2;
PShape bot3;
PImage landscape;

float easing = 0.05;
float offset = 0;

void setup() {
  size(720, 480);
  bot1 = loadShape("robot1.svg");
  bot2 = loadShape("robot2.svg");
  bot3 = loadShape("robot3.svg");
  landscape = loadImage("alpine.png");
}

void draw() {
  // 为"landscape"图像设置背景
  // 这张图片必须和程序中设置的宽高一致
  background(landscape);

  // 设置左、右的偏移值
  // 并且使用easing使得运动更流畅
  float targetOffset = map(mouseY, 0, height, -40, 40);
  offset += (targetOffset - offset) * easing;

  // 绘制左侧的机器人
  shape(bot1, 85 + offset, 65);

  // 绘制右侧的机器人，让它更小一些同时赋给一个更小的偏移值
  float smallerOffset = offset * 0.7;
  shape(bot2, 510 + smallerOffset, 140, 78, 248);

  // 绘制最小的机器人，赋给一个更小的偏移值
  smallerOffset *= -0.5;
  shape(bot3, 410 + smallerOffset, 225, 39, 124);
}
```

8 运动

就像翻书一样，屏幕上的动画是先绘制一张图像，然后再画一张稍微变化的图像，一张一张画下去形成的。流畅运动的错觉是由视觉暂留产生的。当一系列相似的图像以还够快的速度出现的时候，我们的大脑就认为这些图像是运动的。

帧

为了创建流畅的动画，Processing尝试以每秒60帧的速率在draw( )函数中运行代码。一帧即draw( )函数运行一次，帧频率是每秒钟运行了多少帧。因此，一个程序每秒运行60帧意味着每秒钟draw( )函数中的全部代码运行了60次。

示例8-1：观察帧频率

为了确认帧频率，运行这个程序并查看控制台输出的值（frameRate变量持续跟踪程序的速率）。

```
void draw() {
  println(frameRate);
}
```

示例8-2：设置帧频率

frameRate( )函数改变程序运行的频率。为了看到它的效果，像这个例子一样取消注释提交不同的frameRate( )版本。

```
void setup() {
  frameRate(30);      // 每秒30帧
  //frameRate(12);    // 每秒20帧
  //frameRate(2);     // 每秒2帧
  //frameRate(0.5);   // 每2秒1帧
}

void draw() {
  println(frameRate);
}
```

Processing一般以60帧每秒的速度运行代码，但如果运行一个draw( )方法的时间超过1/60秒，那么帧频率就会降低。frameRate( )函数指定的只是最大帧频率，而实际帧频率对于每一个程序来说都取决于电脑运行代码的性能。

速度和方向

为了创建流畅运动的示例，我们使用一种叫作浮点型（float）的数据类型。这种类型的变量存储带小数点的数字，这为运动提供了更强大的表现能力。举例来说，当使用整型数据（int）的时候，你每一帧运动的最小距离是每次移动一个像素（1,2,3,4,…），但使用浮点型（float）数据的时候你可以想要运行多慢就运行多慢（1.01,1.01,1.02,1.03,…）。

示例8-3：移动图形

下面的例子通过更新x变量来从左到右移动一个图形。

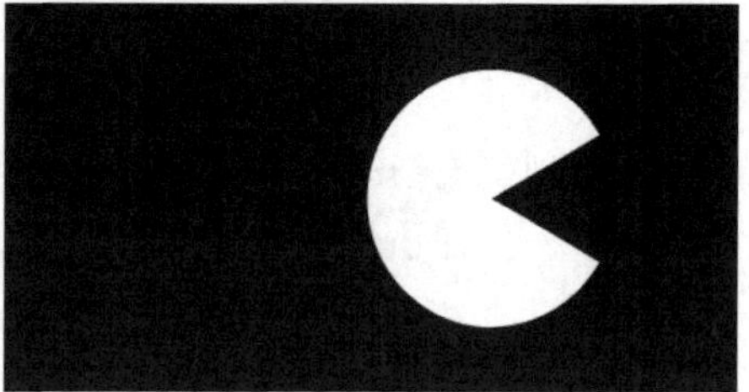

```
int radius = 40;
float x = -radius;
float speed = 0.5;

void setup() {
  size(240, 120);
  ellipseMode(RADIUS);
}

void draw() {
  background(0);
  x += speed; // 增加x的值
  arc(x, 60, radius, radius, 0.52, 5.76);
}
```

当你运行这段代码的时候，你会注意到当x值比窗口宽度大的时候图形就会从屏幕右侧跑出去。x的值持续增加，但图形再也看不到了。

示例8-4：循环

有很多种可选的方式实现这个动作，你可以选择你最喜欢的那一种。首先，我们把这段代码拓展为将图形在右侧消失的时候移动它到左侧的边缘。在这个例子中，屏幕图像就像一个拉平的圆柱体，图形移动到外侧，然后返回原点。

```
int radius = 40;
float x = -radius;
float speed = 0.5;

void setup() {
  size(240, 120);
  ellipseMode(RADIUS);
}

void draw() {
  background(0);
  x += speed;  // 增加x的值
  if (x > width+radius) {  // 如果图形离开屏幕
    x = -radius;  // 移动到左侧边缘
  }
  arc(x, 60, radius, radius, 0.52, 5.76);
}
```

在draw()函数每次运行的时候，代码都检测x的值是否已经超出屏幕的宽度（要加上图形的半径）。如果超过了，我们就设置x的值为负，这样它继续增加，会从屏幕左侧出来。见图8-1，由其图表看看它如何工作。

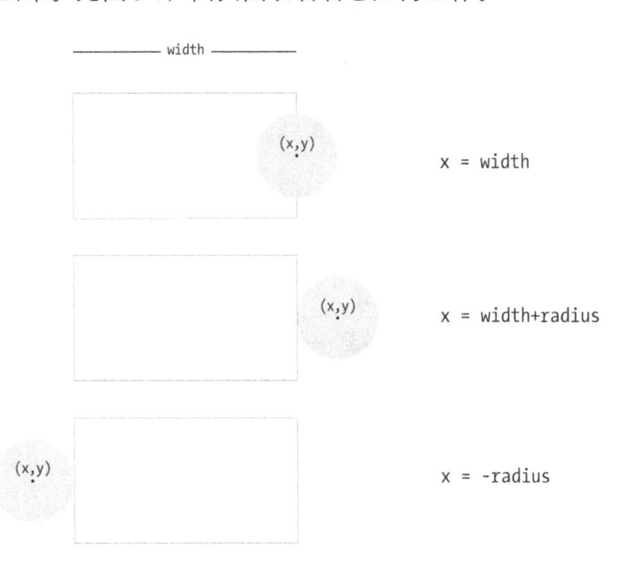

图8-1　检测屏幕的边缘

示例8-5：折返

在这个例子中，我们拓展了第84页的示例8-3，当图形撞击到边缘的时候让它反向，而不是穿过边界从左侧出现。为了实现这种效果，我们添加一个新的变量来存储图形的方向。方向值为1的时候图形向右运动，当方向值为-1的时候图形向左运动。

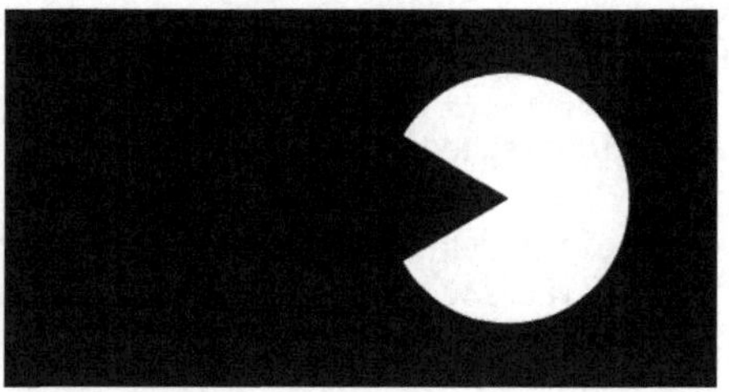

```
int radius = 40;
float x = 110;
float speed = 0.5;
int direction = 1;

void setup() {
  size(240, 120);
  ellipseMode(RADIUS);
}

void draw() {
  background(0);
  x += speed * direction;
  if ((x > width-radius) || (x < radius)) {
    direction = -direction; // 翻转方向
  }
  if (direction == 1) {
    arc(x, 60, radius, radius, 0.52, 5.76); // 面向右边
  } else {
    arc(x, 60, radius, radius, 3.67, 8.9);  // 面向左边
  }
}
```

当图形接触到一个边缘的时候，代码通过改变direction变量的符号来改变图形的方向。比如说，当图形接触到一个边缘的时候，如果direction是正的，代码就将它变为负的。

补间动画

有时你想让一个图形从屏幕的某处移动到另一个位置。用几行代码，你就可以设置运动的起点和终点位置，然后每帧都计算两点间的位置（补间）。

示例8-6：计算补间位置

为了让这个例子的代码模块化，我们在顶部创建了一组变量。多运行这段代码几次，然后改变它们的值来看看代码如何让一个图形用不同的速度从一个点移动到另一个点的。改变step变量来修改速度。

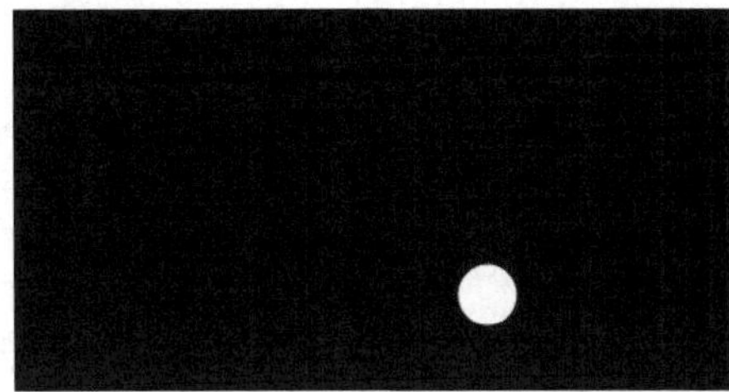

```
int startX = 20;       // x的起始坐标
int stopX = 160;       // x的终止坐标
int startY = 30;       // y的起始坐标
int stopY = 80;        // y的终止坐标
float x = startX;      // 当前x坐标
float y = startY;      // 当前y坐标
float step = 0.005;    // 每一步的尺寸（0.0到1.0）
float pct = 0.0;       // 运行过的百分比（0.0到1.0）

void setup() {
  size(240, 120);
}

void draw() {
  background(0);
  if (pct < 1.0) {
    x = startX + ((stopX-startX) * pct);
    y = startY + ((stopY-startY) * pct);
    pct += step;
  }
  ellipse(x, y, 20, 20);
}
```

随机

与计算机图形学中常见的平滑、线性的运动不同，物理世界中的运动通常与众不同。举例来说，想象一片叶子飘落到地面上，或者一只蚂蚁爬过崎岖的地形。我们可以用随机数来模拟这种现实世界中不确定的特征。random()函数计算这样的数值，我们可以在程序中设置一个范围来调整这些随机数。

示例8-7：生成随机数

下面这个简短的例子可在控制台输出随机数，由鼠标位置来控制它生成的范围。random( )函数通常返回一个浮点型的数值，因此要保证在赋值符号左边的变量也是浮点类型（float），就像下面这个例子。

```
void draw() {
  float r = random(0, mouseX);
  println(r);
}
```

示例8-8：随机绘制

下面的例子依据于第88页的示例8-7，它使用random( )函数产生的值来改变线在屏幕中的位置。当鼠标在屏幕左侧的时候，变化很小，当鼠标向右移动，random( )函数生成的值变大，运动会变得更加剧烈。因为random( )函数在for循环中，执行的时候每条线都会有一个新计算的随机值。

```
void setup() {
  size(240, 120);
}

void draw() {
  background(204);
  for (int x = 20; x < width; x += 20) {
    float mx = mouseX / 10;
    float offsetA = random(-mx, mx);
    float offsetB = random(-mx, mx);
    line(x + offsetA, 20, x - offsetB, 100);
  }
}
```

示例8-9：随机移动图形

当用于移动屏幕中图形的时候，随机值可以让图形出现得更加自然。在下面的例子中，圆形的位置在每次运行draw( )函数的时候由随机值设定。因为background( )函数没有被使用，所以以前的运动轨迹也会显示出来。

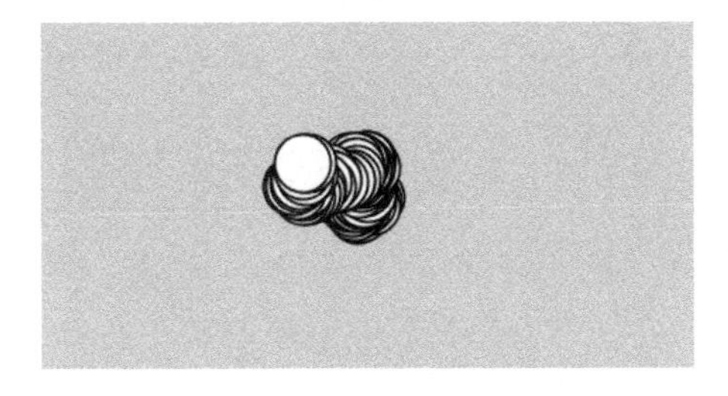 

```
float speed = 2.5;
int diameter = 20;
float x;
float y;

void setup() {
  size(240, 120);
  x = width/2;
  y = height/2;
}

void draw() {
  x += random(-speed, speed);
  y += random(-speed, speed);
  ellipse(x, y, diameter, diameter);
}
```

如果你盯着这个例子足够久，你有可能会看到圆形移出了屏幕又运动回来。这是偶然的，但我们可以添加一些if结构或者使用constrain( )函数来保证圆形不离开屏幕。constrain( )函数将一个值限定在特定范围内，这样可以将x和y保持在运行窗口之内，用下面的代码替换之前draw()函数中的代码，你会保证圆形始终在屏幕中。

```
void draw() {
  x += random(-speed, speed);
  y += random(-speed, speed);
  x = constrain(x, 0, width);
  y = constrain(y, 0, height);
  ellipse(x, y, diameter, diameter);
}
```

在一个程序运行中，randomSeed( )函数可以限制random( )函数产生相同序列的数字。这在Processing参考资料（Processing Reference）中有更深入的讲解。

计时器

每一个Processing程序都会计算运行时间。它用以毫秒为单位来计算（1/1000秒）。因此，经过1s之后它会记为1000；5s之后它会记为5000；1min之后，它会记为60000。我们可以用这个计时器在特定的时间点触发动画。millis( )函数用于返回计数器的值。

示例8-10：经过时间

你可以运行这个程序查看经过的时间。

```
void draw() {
  int timer = millis();
  println(timer);
}
```

示例8-11：触发时间事件

当与if块结合的时候，从millis( )函数中返回的值可以被用于程序中的序列动画和事件。举例来说，当2s过去之后,if块中的代码可以触发一个变化。在这个例子中，变量time1和time2决定了什么时候去改变x变量的值。

```
int time1 = 2000;
int time2 = 4000;
float x = 0;

void setup() {
  size(480, 120);
}

void draw() {
  int currentTime = millis();
  background(204);
  if (currentTime > time2) {
    x -= 0.5;
  } else if (currentTime > time1) {
    x += 2;
  }
  ellipse(x, 60, 90, 90);
}
```

圆周

如果你是运用三角函数的高手，你肯定知道正弦和余弦函数的神奇。如果你不是高手，我们也希望下面的例子可以引起你的兴趣。在这里我们不讨论数学细节，但我们会用一些实际应用来生成流畅的运动。

图8-2展示了一个正弦波值以及它们与角度的相关关系。在波峰和波谷，注意变化率（纵轴的变化）是如何变缓、停止然后变换方向的。这就是这个可以产生有趣运动的曲线的性质。

Processing中的sin( )和cos( )函数返回-1~1之间的值，它们是特定角度的正弦或者余弦值。就像arc( )函数，角度输入需要一个弧度值（见第14页的示例3-7

和第16页的示例3-8，回顾弧度值的相关操作）。为了让绘图更有效，sin()和cos()函数返回的浮点型（float）数值通常会乘以一个更大的数值。

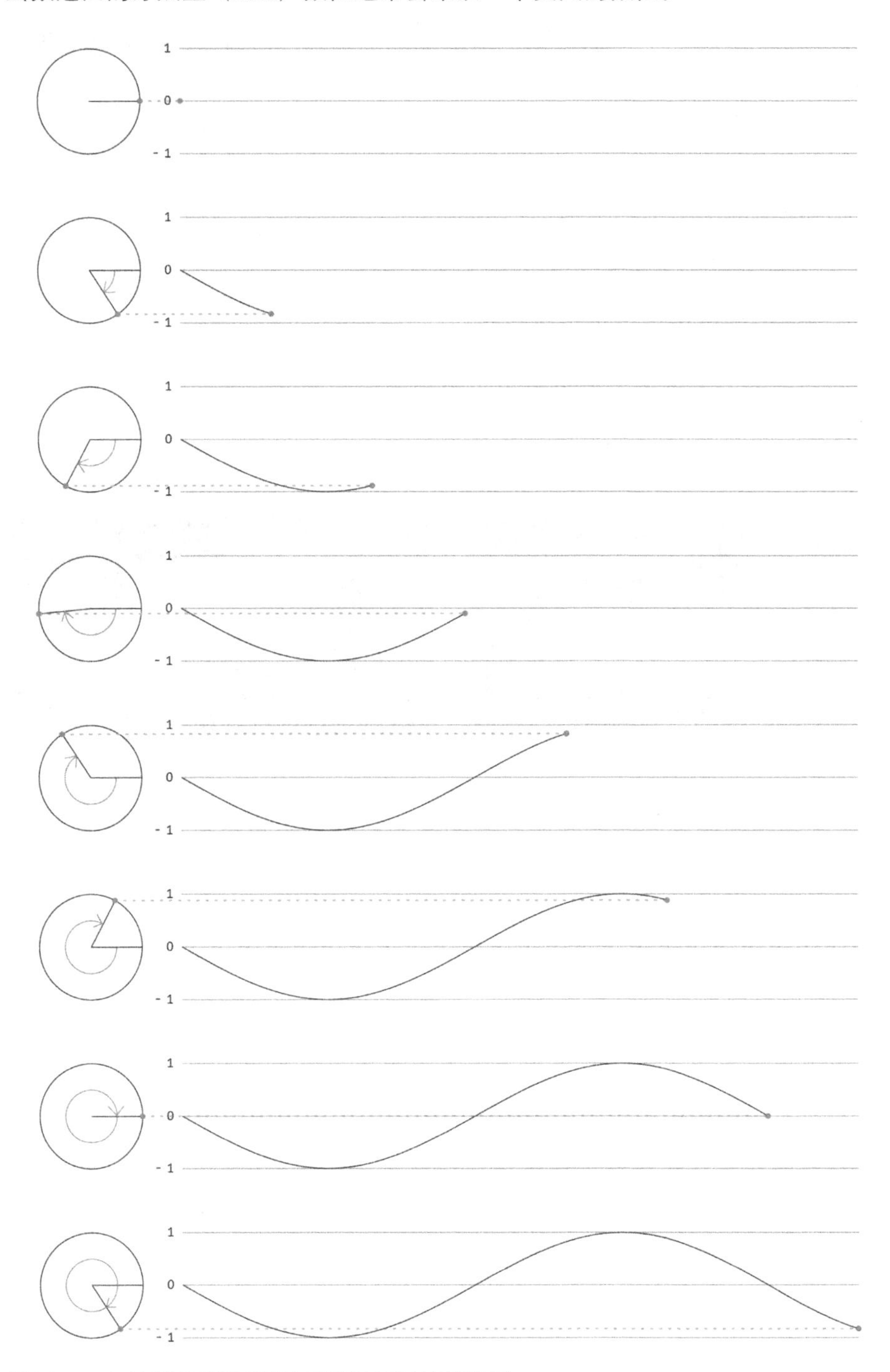

图8-2　一个由环绕圆形的角度的正弦值产生的正弦波形

示例8-12：正弦波形的值

这个例子展示了sin( )函数的值在角度增加的过程中是如何从-1~1循环的。使用map( )函数后，sinval变量的范围被转变为0~255。这个新的值被用于设置窗口的背景色。

```
float angle = 0.0;

void draw() {
  float sinval = sin(angle);
  println(sinval);
  float gray = map(sinval, -1, 1, 0, 255);
  background(gray);
  angle += 0.1;
}
```

示例8-13：正弦波运动

这个例子展示了这些值如何被转换为运动。

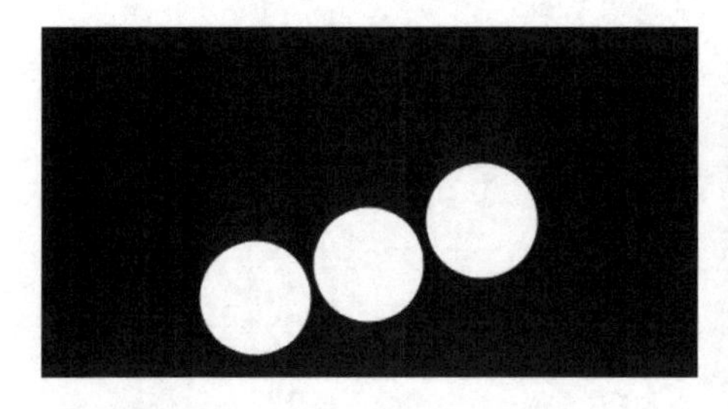

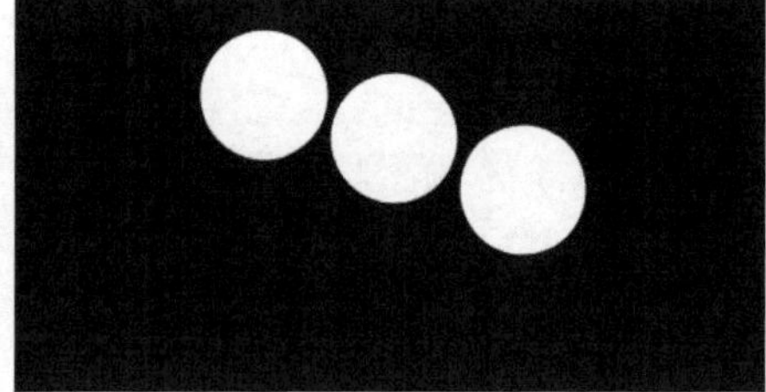

```
float angle = 0.0;
float offset = 60;
float scalar = 40;
float speed = 0.05;

void setup() {
  size(240, 120);
}

void draw() {
  background(0);
  float y1 = offset + sin(angle) * scalar;
  float y2 = offset + sin(angle + 0.4) * scalar;
  float y3 = offset + sin(angle + 0.8) * scalar;
  ellipse( 80, y1, 40, 40);
  ellipse(120, y2, 40, 40);
  ellipse(160, y3, 40, 40);
  angle += speed;
}
```

示例8-14：圆周运动

当sin( )和cos( )函数一起使用的时候，它们可以生成圆周运动。cos( )函数的值提供了x坐标，sin( )函数的值提供了y坐标。两个值都乘以一个名为scalar的变量来改变运动的半径，并使用offset值来设置圆周运动的中心。

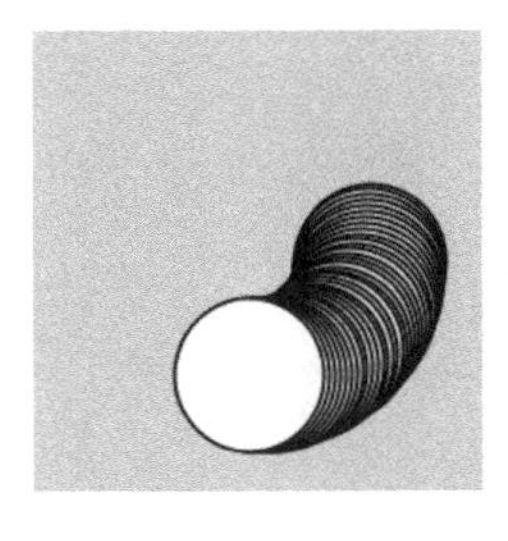 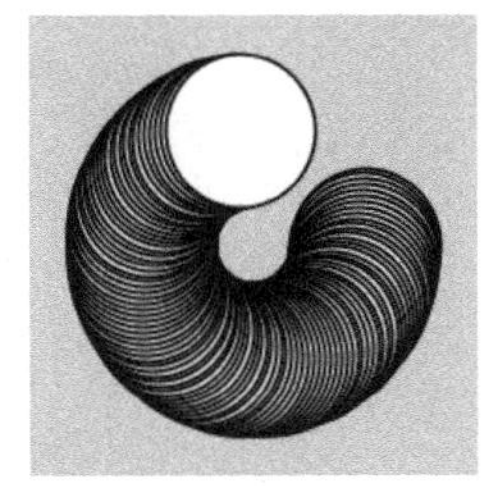 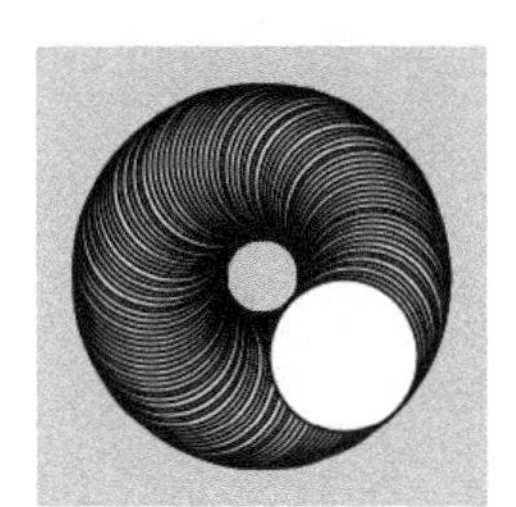

```
float angle = 0.0;
float offset = 60;
float scalar = 30;
float speed = 0.05;

void setup() {
  size(120, 120);
}

void draw() {
  float x = offset + cos(angle) * scalar;
  float y = offset + sin(angle) * scalar;
  ellipse( x, y, 40, 40);
  angle += speed;
}
```

示例8-15：螺旋

在每一帧稍微增加scalar的值会产生一个螺旋形而不是圆形。

```
float angle = 0.0;
float offset = 60;
float scalar = 2;
float speed = 0.05;

void setup() {
```

```
  size(120, 120);
  fill(0);
}

void draw() {
  float x = offset + cos(angle) * scalar;
  float y = offset + sin(angle) * scalar;
  ellipse( x, y, 2, 2);
  angle += speed;
  scalar += speed;
}
```

机器人6：运动

在这个例子中，随机和圆周运动的技术被应用到机器人上。为了更容易看到机器人的位置以及身体的变化，background( )被移出了。

在每一帧中，一个-4~4的随机数被加在x坐标上，一个-1~1的随机数被加在y坐标上。这使得机器人向左右移动的幅度比向上下移动的幅度要大。sin( )函数计算得到的数字改变脖子的高度，因此脖子的高度会在50~110像素之间浮动。

```
float x = 180;             // x坐标
float y = 400;             // y坐标
float bodyHeight = 153;    // 身体的高度
float neckHeight = 56;     // 脖子的高度
float radius = 45;         // 头的半径
```

```
float angle = 0.0;        // 运动的角度

void setup() {
  size(360, 480);
  ellipseMode(RADIUS);
  background(0, 153, 204);  // 蓝色的背景
}

void draw() {
  // 通过一个小的随机值造成位置的变化
  x += random(-4, 4);
  y += random(-1, 1);

  // 改变脖子的高度
  neckHeight = 80 + sin(angle) * 30;
  angle += 0.05;

  // 调整头的高度
  float ny = y - bodyHeight - neckHeight - radius;

  // 脖子
  stroke(255);
  line(x+2, y-bodyHeight, x+2, ny);
  line(x+12, y-bodyHeight, x+12, ny);
  line(x+22, y-bodyHeight, x+22, ny);

  // 天线
  line(x+12, ny, x-18, ny-43);
  line(x+12, ny, x+42, ny-99);
  line(x+12, ny, x+78, ny+15);

  // 身体
  noStroke();
  fill(255, 204, 0);
  ellipse(x, y-33, 33, 33);
  fill(0);
  rect(x-45, y-bodyHeight, 90, bodyHeight-33);
  fill(255, 204, 0);
  rect(x-45, y-bodyHeight+17, 90, 6);

  // 头部
  fill(0);
  ellipse(x+12, ny, radius, radius);
  fill(255);
  ellipse(x+24, ny-6, 14, 14);
  fill(0);
  ellipse(x+24, ny-6, 3, 3);
}
```

9　函数

函数是Processing程序中最基本的结构。它们出现在我们之前做过的每一个例子中。比如说，我们经常使用size( )函数、line( )函数、fill( )函数等。这一章会讲解如何编写一个新的函数，来拓展Processing原有函数中已有的功能特性。

函数的力量在于模块化。函数是独立的软件单位，它们被用于构建更加复杂的程序——就像乐高积木一样，每块积木都有着不同的功能，最终把不同的部分组合起来构成一个复杂的模型。就函数而言，这些代码块真正的力量是使用一系列相同的基本元素构建出不同的框架，这也像乐高积木一样，做出一艘宇宙飞船的积木可以被重新组合做出一个坦克、一个摩天大楼以及其他很多东西。

如果你想绘制很多复杂的图形，例如一棵又一棵树，这时候函数是很有用的。可以用Processing内置的函数绘制树图形的样式，例如line( )。在绘制树的代码写好之后，你不需要再考虑绘制树的细节了，你只需要写一个tree( )函数（或者任意你取的名字）来绘制这个图形。函数使得一个复杂的代码段被抽象，这样你可以致力于一些更高级的目标（例如画一棵树），不用关注实现的细节（用line( )函数定义出树图形）。一旦一个函数被定义之后，这个函数中的代码就不需要再重复写了。

函数基础

计算机每次运行程序的一行。当一个函数运行的时候，计算机跳到函数定义的位置，运行那里的代码，然后再跳回它离开的位置。

示例9-1：掷骰子

本例中，这个动作被写成了rollDice( )函数。当一个程序开始运行的时候，它首先运行setup( )函数中的代码，然后停止。当rollDice( )函数每次出现的时候都跳转运行rollDice( )函数中的代码。

```
void setup() {
  println("Ready to roll!");
  rollDice(20);
  rollDice(20);
  rollDice(6);
```

```
  println("Finished.");
}

void rollDice(int numSides) {
  int d = 1 + int(random(numSides));
  println("Rolling... " + d);
}
```

rollDice( ) 中的两行代码选择一个1到骰子面数之间的随机数，然后将数字输出到控制台。由于数字是随机的，程序每次运行的时候你会看到不同的数字。

```
Ready to roll!
Rolling... 20
Rolling... 11
Rolling... 1
Finished.
```

setup( ) 函数中的 rollDice( ) 函数每次运行的时候，这个函数中的代码都从头至尾运行一遍，然后程序会继续运行 setup( ) 函数中的下一行。

random( ) 函数返回一个0到指定数字之间的值（不包含这个数字）。因此 random(6) 返回一个0~5.99999…之间的数。由于 random( ) 函数返回一个浮点值，我们也需要使用 int( ) 函数来将它转换为整数。这样 int(random(6)) 会返回0，1，2，3，4或者5。然后我们又加了1，因此数字最终在1~6之间（就像一个骰子）。像本书中其他例子一样，从0开始计数便于人们使用 random( ) 函数的结果做计算。

示例9-2：另一个掷骰子方法

如果写一个功能相同的程序但不是用 rollDice( ) 函数，它会如下所示。

```
void setup() {
  println("Ready to roll!");
  int d1 = 1 + int(random(20));
  println("Rolling... " + d1);
  int d2 = 1 + int(random(20));
  println("Rolling... " + d2);
  int d3 = 1 + int(random(6));
  println("Rolling... " + d3);
  println("Finished.");
}
```

在第97页的示例9-1中，rollDice( ) 函数让代码更易读也更易维护。因为函数的名字写清了它的目的，程序会变得更清晰。在这个例子中，我们看到 random( ) 函数在 setup( ) 函数之中，但它的使用方式却不那么清晰。通过下面这个函数，骰子的面数也更清楚了：当代码是 rollDice(6) 的时候，显然它模拟了一个六面的骰子。并且，第97页的示例9-1也更容易维护，因为信息没有重复。在这里，

Rolling 语句重复了三次。如果你想把文字变为其他内容，你需要在这个程序中修改三次。这不如在 rollDice( ) 函数中单独修改一次。另外，你会在第 101 页的示例 9-5 中看到，一个函数可以让程序更加简短（也就更容易维护和阅读），这会减少潜在的异常数量。

写一个函数

在这一节中，我们会绘制一只猫头鹰，来解释编写一个函数的步骤。

示例 9-3 ：绘制猫头鹰

首先，我们不用函数绘制一只猫头鹰。

```
void setup() {
  size(480, 120);
}

void draw() {
  background(176, 204, 226);
  translate(110, 110);
  stroke(138, 138, 125);
  strokeWeight(70);
  line(0, -35, 0, -65); // 身体
  noStroke();
  fill(255);
  ellipse(-17.5, -65, 35, 35);  // 左侧的眉弓
  ellipse(17.5, -65, 35, 35);   // 右侧的眉弓
  arc(0, -65, 70, 70, 0, PI);   // 下巴
  fill(51, 51, 30);
  ellipse(-14, -65, 8, 8);  // 左侧的眼睛
  ellipse(14, -65, 8, 8);   // 右侧的眼睛
  quad(0, -58, 4, -51, 0, -44, -4, -51);  // 嘴巴
}
```

注意 translate( ) 函数将原点（0,0）移动到距上边 110 像素、距左边 110 像素的位置。然后猫头鹰的形象依据移动过的（0,0）来绘制，坐标有时取正数，有时取负数，因为它的中心点在新的（0,0）点（见图 9-1）。

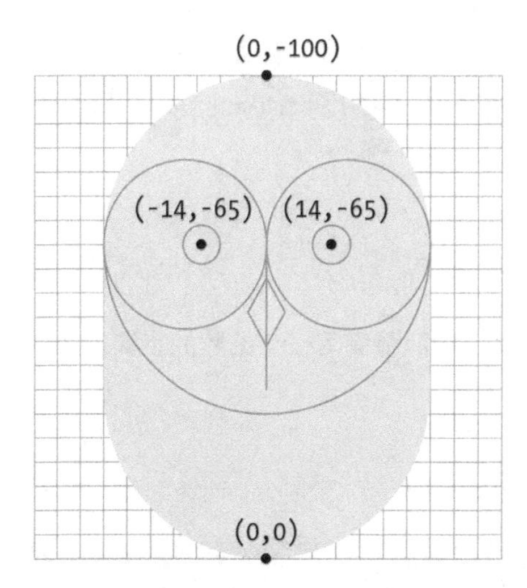

图9-1 猫头鹰的坐标

示例9-4：一对猫头鹰

第99页的示例9-3中的代码在只有一只猫头鹰的情况下是可行的。但我们要绘制两只猫头鹰的时候，代码长度就几乎变成2倍。

```
void setup() {
  size(480, 120);
}

void draw() {
  background(176, 204, 226);

  // 左侧的猫头鹰
  translate(110, 110);
  stroke(138, 138, 125);
  strokeWeight(70);
  line(0, -35, 0, -65); // 身体
  noStroke();
```

```
  fill(255);
  ellipse(-17.5, -65, 35, 35);  // 左侧的眉弓
  ellipse(17.5, -65, 35, 35);   // 右侧的眉弓
  arc(0, -65, 70, 70, 0, PI);   // 下巴
  fill(51, 51, 30);
  ellipse(-14, -65, 8, 8);  // 左侧的眼睛
  ellipse(14, -65, 8, 8);   // 右侧的眼睛
  quad(0, -58, 4, -51, 0, -44, -4, -51); // 嘴巴

  // Right owl
  translate(70, 0);
  stroke(138, 138, 125);
  strokeWeight(70);
  line(0, -35, 0, -65); // 身体
  noStroke();
  fill(255);
  ellipse(-17.5, -65, 35, 35);  // 左侧的眉弓
  ellipse(17.5, -65, 35, 35);   // 右侧的眉弓
  arc(0, -65, 70, 70, 0, PI);   // 下巴
  fill(51, 51, 30);
  ellipse(-14, -65, 8, 8);  // 左侧的眼睛
  ellipse(14, -65, 8, 8);   // 右侧的眼睛
  quad(0, -58, 4, -51, 0, -44, -4, -51); // 嘴巴
}
```

程序从21行增加到34行，绘制第一只猫头鹰的代码被复制粘贴到程序后面，然后插入一个translate( )函数将它移动到距右边70像素。用这种方式绘制第二只猫头鹰既乏味又无效，更不要说用这种方法再加第三只猫头鹰。但复制代码是没必要的，因为有一种解决办法可以拯救重复的操作。

示例9-5：一个猫头鹰函数

在这个例子中，引入了一个方法来用相同的代码绘制两只猫头鹰。如果我们将在屏幕上绘制猫头鹰的方法写进一个新的函数里，程序中的代码就只需要出现一次了。

```
void setup() {
  size(480, 120);
}
```

```
void draw() {
  background(176, 204, 226);
  owl(110, 110);
  owl(180, 110);
}

void owl(int x, int y) {
  pushMatrix();
  translate(x, y);
  stroke(138, 138, 125);
  strokeWeight(70);
  line(0, -35, 0, -65); // 身体
  noStroke();
  fill(255);
  ellipse(-17.5, -65, 35, 35); // 左侧的眉弓
  ellipse(17.5, -65, 35, 35);  // 右侧的眉弓
  arc(0, -65, 70, 70, 0, PI);  // 下巴
  fill(51, 51, 30);
  ellipse(-14, -65, 8, 8); // 左侧的眼睛
  ellipse(14, -65, 8, 8);  // 右侧的眼睛
  quad(0, -58, 4, -51, 0, -44, -4, -51); // 嘴巴
  popMatrix();
}
```

你会从绘制结果中发现这个例子和第100页的示例9-4是一样的。但这个例子更简短，因为绘制猫头鹰的代码只在函数中出现了一次，并被恰当地命名为owl( )函数。这段代码运行了两次，因为它在draw( )函数中被调用了两次。猫头鹰被绘制在两个不同的位置，因为函数中的参数值被传递给x坐标和y坐标了。

参数是函数中重要的部分，因为它们提供了灵活性。我们来看另一个例子中的rollDice( )函数：只要一个命名为nameSides的参数就使得模拟六面骰子、20面骰子以及任何面数的骰子成为可能。这和其他Processing函数一样。比如说，line( )函数中的参数可以从屏幕中的一点到其他任意一点绘制直线。不使用参数，这个函数就只能从一个定点到另一个定点绘制一条唯一的直线了。

每个参数都有一个数据类型（例如整型（int）或者浮点型（float）），因为每个参数都是一个在函数运行时被创建的变量。当这个例子运行的时候，owl函数第一次被调用的时候，x参数的值是110，y参数的值是110。第二次调用这个函数的时候，x参数的值是180，y参数的值还是110。每个值都被传递至函数中，然后，当每次这个变量名在这个函数中出现的时候，它都被替换为传入的值。

要保证传入一个函数的值符合参数的数据类型。比如说，如果下面的语句出现在本例的setup( )中。

```
owl(110.5, 120.2);
```

就会出现错误，因为x和y参数的数据类型是整型（int），但数值110.5和120.2是

浮点型（float）。

示例9-6：增加超多的猫头鹰

现在我们有一个可在任何位置绘制猫头鹰的基本函数，我们可以用一个for循环依次改变第一个参数的值，排列绘制很多猫头鹰。

```
void setup() {
  size(480, 120);
}

void draw() {
  background(176, 204, 226);
  for (int x = 35; x < width + 70; x += 70) {
    owl(x, 110);
  }
}

// 从示例9-5中插入owl() 函数
```

可以为这个函数增加更多参数来改变绘制猫头鹰的样式。可以传递数值改变猫头鹰的颜色、旋转角度、缩放尺寸或者其眼睛的直径。

示例9-7：不同尺寸的猫头鹰

在这个例子中，我们增加两个参数来改变每只猫头鹰的灰度值和尺寸。

```
void setup() {
  size(480, 120);
}

void draw() {
```

```
  background(176, 204, 226);
  randomSeed(0);
  for (int i = 35; i < width + 40; i += 40) {
    int gray = int(random(0, 102));
    float scalar = random(0.25, 1.0);
    owl(i, 110, gray, scalar);
  }
}

void owl(int x, int y, int g, float s) {
  pushMatrix();
  translate(x, y);
  scale(s);  // 设置尺寸
  stroke(138-g, 138-g, 125-g); // 设置颜色值
  strokeWeight(70);
  line(0, -35, 0, -65); // 身体
  noStroke();
  fill(255);
  ellipse(-17.5, -65, 35, 35); // 左侧的眉弓
  ellipse(17.5, -65, 35, 35);  // 右侧的眉弓
  arc(0, -65, 70, 70, 0, PI);  // 下巴
  fill(51, 51, 30);
  ellipse(-14, -65, 8, 8);  // 左侧的眼睛
  ellipse(14, -65, 8, 8);   // 右侧的眼睛
  quad(0, -58, 4, -51, 0, -44, -4, -51); // 嘴巴
  popMatrix();
}
```

返回值

函数可以做计算并向主函数返回一个值。我们已经使用过这样的函数了，例如random( )函数和sin( )函数。要注意，这种类型的函数出现时，它返回的值通常被赋给一个变量。

```
float r = random(1, 10);
```

在这个例子中，random( )返回一个1~10之间的数值，这个值随后被赋予r变量。

一个函数的返回值也经常被用作另一个函数的参数，例如：

```
point(random(width), random(height));
```

在这个例子中，random( )的值没有被赋给一个变量，它们作为point( )的参数传入，并用于定位窗口中点的位置。

示例9-8：返回一个值

为了写一个带返回值的函数，将关键词void替换成需要返回的数据类型。

在你的函数中，用关键词return来返回数据。比如说，这个例子中包含一个叫作calculateMars( )的函数，用来计算我们临近星球上的人或者物体的重量。

```
void setup() {
  float yourWeight = 132;
  float marsWeight = calculateMars(yourWeight);
  println(marsWeight);
}

float calculateMars(float w) {
  float newWeight = w * 0.38;
  return newWeight;
}
```

注意在函数名前的浮点型（float）数据类型表示它会返回一个浮点型的数值。在代码块的最后一行，这个函数返回变量newWeight。在setup( )的第二行，返回值被赋给变量marsWeight（如果想看看你自己在火星上的体重，把yourWeight变量设置为你的体重吧）。

机器人7：函数

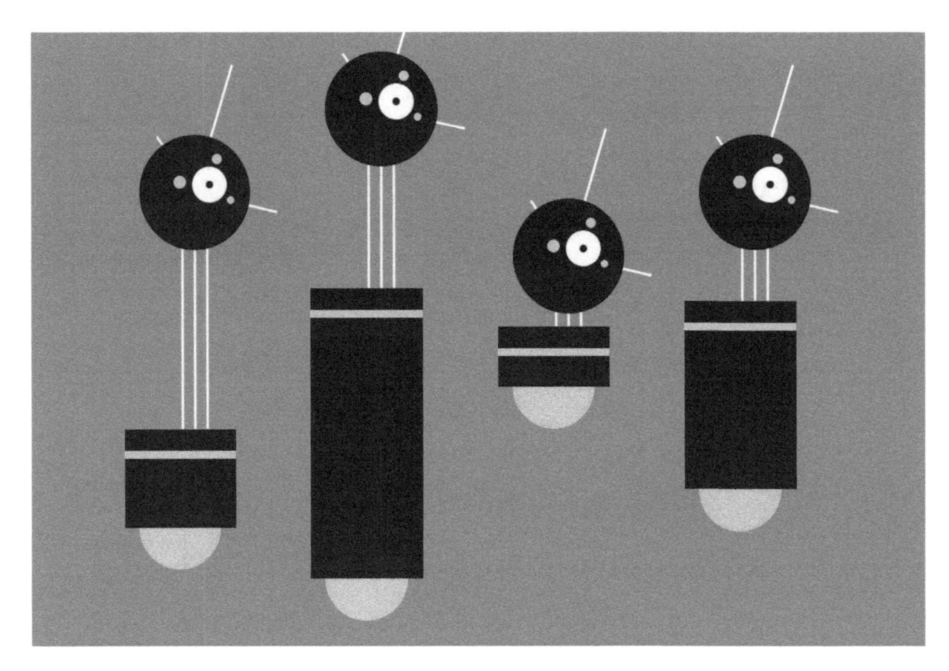

为了与机器人2相比较（见第39页“机器人2：变量”），这个例子在同一个程序中使用函数来绘制4个不同的机器人。因为drawRobot( )函数在draw( )函数中被调用了4次，drawRobot( )块中的代码就运行了4次，每次都传入了一组不

同的参数来改变位置和机器人身体的高度。

要注意在机器人2中的全局变量是如何被独立出来放到drawRobot( )函数里的。因为这些变量只被用于绘制机器人，它们位于定义drawRobot( )函数的大括号中的函数块里，由于radius变量的值不会变，它也就不需要变成一个参数，于是，它被定义在drawRobot( )函数的最开始。

```
void setup() {
  size(720, 480);
  strokeWeight(2);
  ellipseMode(RADIUS);
}

void draw() {
  background(0, 153, 204);
  drawRobot(120, 420, 110, 140);
  drawRobot(270, 460, 260, 95);
  drawRobot(420, 310, 80, 10);
  drawRobot(570, 390, 180, 40);
}

void drawRobot(int x, int y, int bodyHeight, int neckHeight) {

  int radius = 45;
  int ny = y - bodyHeight - neckHeight - radius;  // 脖子的y值

  // 脖子
  stroke(255);
  line(x+2, y-bodyHeight, x+2, ny);
  line(x+12, y-bodyHeight, x+12, ny);
  line(x+22, y-bodyHeight, x+22, ny);

  // 天线
  line(x+12, ny, x-18, ny-43);
  line(x+12, ny, x+42, ny-99);
  line(x+12, ny, x+78, ny+15);

  // 身体
  noStroke();
  fill(255, 204, 0);
  ellipse(x, y-33, 33, 33);
  fill(0);
  rect(x-45, y-bodyHeight, 90, bodyHeight-33);
  fill(255, 204, 0);
  rect(x-45, y-bodyHeight+17, 90, 6);

  // 头
  fill(0);
  ellipse(x+12, ny, radius, radius);
  fill(255);
```

```
  ellipse(x+24, ny-6, 14, 14);
  fill(0);
  ellipse(x+24, ny-6, 3, 3);
  fill(153, 204, 255);
  ellipse(x, ny-8, 5, 5);
  ellipse(x+30, ny-26, 4, 4);
  ellipse(x+41, ny+6, 3, 3);
}
```

10 对象

面向对象编程（Object-oriented programming，OOP）是另一种思考你的程序的方式。尽管“面向对象编程”这个术语听上去让人生畏，但有一个好消息：在第7章，就在你开始使用PImage、PFont、String和PShape的时候，你其实已经使用过对象了。不像原始数据类型boolean、int和float那样只能存一个值，一个对象可以存储很多个值。但这只是我们讲的一部分。对象（Objects）也是一种用相关函数将变量编组的方式。由于你已经知道如何使用变量和函数了，对象也就仅仅是将你已经学过的东西组合成一个更容易理解的包而已。

对象很重要，因为它们将想法分解成较小的块。这正符合了自然世界的情况，举例来说，有机体由组织构成，组织又由细胞构成，以此类推。与这种形式相近，当你的代码变得更加复杂的时候，你需要考虑用更小的结构组合成更复杂的程序。将更小、更容易理解的代码组合在一起比直接写一长篇代码来完成所有的事情更容易编写和维护。

域和方法

一个软件对象是一个相关变量和函数的集合。在对象的上下文中，一个变量被叫作一个值域（field，或者实例变量），一个函数被叫作一个方法（method）。值域和方法的工作原理与第9章中讲到的变量和函数一样，但我们要用一个新的术语强调它们是对象的一部分。换句话说就是，一个对象包含相关的数据（值域）和相关的动作行为（方法）。这种思路就是将数据中使用的相关数据和相关方法整合在一起。

举例来说，给一个收音机建立模型，想一想有哪些合适的参数以及能影响这些参数的行为。

值域：音量、频率、波段（FM、AM）、电源（开、关）。

方法：设置音量（setVolume）、设置频率（setFrequency）、设置波段（setBand）。

为一个简单的机械设备建模与为一个有机体（例如蚂蚁或者人）建模比起来还是比较容易的。一个复杂的有机体不可能被归纳为几个值域和方法，但创建足够多的模型去做一个有趣的模拟却是可能的。《模拟人生》游戏就是一个明显的例子，它通过控制一个模拟人的日常生活来进行游戏。人物角色有足够的性格，使这个游戏足够好玩并让人上瘾，但也仅此而已。事实上，他们只有5种性格特征：利落整洁的、外向的、活跃的、幽默的和善良的。知道为复杂有机体建立高度简化的模型是可行的之后，我们就可以用一系列值域和方法为一只蚂蚁编程了。

值域：种类（工蚁、兵蚁）、重量、高度。

方法：走路、夹、释放信息素、吃。

如果你列出一系列蚂蚁的值域和方法，你就可以选择针对蚂蚁不同的方面进行建模。没有一个绝对的建模方式，只要你让它符合你编程的目的就好。

定义一个类

在你定义一个对象之前，你需要先定义一个类（class），类是一个对象的说明。用建筑做类比，类（class）就像是房子的蓝图，对象就是房子本身。每一栋由蓝图建设而来的房子都有变化，蓝图只是说明，并不是一个建筑结构。例如这栋房子可以是蓝色的，那一栋可以是红色的；这栋房子可能有一个壁炉，而那一栋房子没有壁炉。对象也是一样，类（class）定义了数据类型和行为，但每一个由类（蓝图）定义的对象（房子）都有变化（颜色、有无壁炉），这些由不同的值来设置。用一个更专业的术语来说，每一个对象都是一个类的实例，每一个实例都有独立设置的值域和方法。

在你编写一个类之前，我们推荐你先做计划。想一想有哪些值域和方法是你的类所需要的。做一个小的头脑风暴来想象所有可能的选项，然后按优先性排序，做出最好的判断。在编程的时候，你有可能会改变主意，但有一个良好的开端是很重要的。

为你的值域选择一些清晰的名字，定义好每一个数据类型。一个类中的值域可以是任何数据类型，一个类也可以包含例如图像、布尔型、浮点型和字符串型等多种值。要记住定义一个类的目的是将相关的数据元素整合在一起。为你的方法选择一些清晰的名字并且定义返回值（如果有的话）。方法用于改变值域的值以及执行由值域中值控制的动作。

对于我们的第一个类，我们对本书中之前部分的第88页的示例8-9进行转换。我们先在这个例子中提取一系列值域。

```
float x
float y
int diameter
float speed
```

下一步是分辨哪一个方法对于类来说可能是有用的，看我们要改写的例子中的draw()函数，我们可以看到两个主要的部分。图形的位置已经被更新并绘制到屏幕上。让我们来为我们的类创建两个方法吧，每项任务创建一个。

```
void move()
void display()
```

这些方法都没有返回值，因此它们的返回值都是空（void）。当我们接下来依据列出的值域和方法编写类的时候，我们会遵从以下4个步骤。

1. 创建一个块；
2. 添加值域；
3. 创建一个构造函数（之前解释了）来为值域指派值；
4. 添加方法。

首先，我们创建一个块。

```
class JitterBug {

}
```

要注意到关键词“class”是小写的，类名“JitterBug”是首字母大写的。用首字母大写的词命名一个类并不是必须的，但这是一个约定俗成的习惯（我们强烈推荐）来表明它是一个类（关键词“class”必须小写，因为这是这门编程语言的规矩）。

其次，我们添加值域。当我们这样做的时候，我们需要决定在一个构造函数中为哪一个值域赋值。为了达到这样的目的，我们用一个特殊的方法。作为一种经验法则，你希望值域的值有别于其他对象是由构造函数传递的，其他值域的值则可以在声明的时候就定义。对于JitterBug类来说，我们决定x、y和diameter的值将会被传递进来。因此这些值域的声明会如下。

```
class JitterBug {
  float x;
  float y;
  int diameter;
  float speed = 0.5;
}
```

第三，我们添加构造函数。构造函数的名字通常和类名相同。设置构造函数的目的是在创建一个对象（一个类的实例）的时候为值域初始化赋值（见图10-1）。在构造函数块中的代码只在对象第一次被创建的时候运行一次。像前面我们所讨论的那样，当对象被初始化的时候，我们要为构造函数传入3个参数。每个传入的值都会赋值给一个临时的变量，这些变量只在构造函数代码运行的时候存在并生效。为了讲清楚这件事，我们为这些变量的名字加了一个词temp（临时的），但它们其实可以用任何你喜欢的词命名。它们只有在为一部分类中的值域赋值时才会使用。还要注意构造函数不返回任何值，因此它也没有一个void或者其他任何数据类型的声明。在添加构造函数之后，这个类看上去像这样。

```
class JitterBug {

  float x;
  float y;
  int diameter;
  float speed = 0.5;

  JitterBug(float tempX, float tempY, int tempDiameter) {
    x = tempX;
    y = tempY;
    diameter = tempDiameter;
  }

}
```

最后一步是添加方法。这部分很简单：就和写函数一样，但这里它们被包含在类中。另外，要注意代码的缩进，类中的每一行代码都会缩进一些空格来表示它们在这个块中。在构造函数和方法中，为了显示更清楚的层级，代码又被缩进了。

```
class JitterBug {

  float x;
  float y;
     int diameter;
     float speed = 2.5;

     JitterBug(float tempX, float tempY, int tempDiameter) {
       x = tempX;
       y = tempY;
       diameter = tempDiameter;
     }

     void move() {
       x += random(-speed, speed);
       y += random(-speed, speed);
     }

     void display() {
       ellipse(x, y, diameter, diameter);
     }

   }
```

```
Train red, blue;

void setup() {
  size(400, 400);
  red = new Train("Red Line", 90);
  blue = new Train("Blue Line", 120);
}

class Train {
  String name;
  int distance;
  Train (String tempName, int tempDistance) {
    name = tempName;
    distance = tempDistance;
  }
}
```

将“Red Line”赋值给red对象的名称变量

将90赋值给red对象的距离变量

```
Train red, blue;

void setup() {
  size(400, 400);
  red = new Train("Red Line", 90);
  blue = new Train("Blue Line", 120);
}

class Train {
  String name;
  int distance;
  Train (String tempName, int tempDistance) {
    name = tempName;
    distance = tempDistance;
  }
}
```

将“Blue Line”赋值给blue对象的名称变量

将120赋值给blue对象的距离变量

图10-1　将值传入构造函数并为对象中的值域赋值

创建对象

现在你已经定义一个类了，你可以在程序中使用这个类定义一个对象。创建一个对象需要两步。

1．声明对象变量；

2．用关键词new创建（初始化）对象。

示例10-1：创建一个对象

为了创建你的第一个对象，我们会先展示它在Processing草图程序中是如何工作的，然后深入解释每一个部分。

```
JitterBug bug;  // 声明对象

void setup() {
  size(480, 120);
  // 创建对象并传入参数
  bug = new JitterBug(width/2, height/2, 20);
}

void draw() {
  bug.move();
  bug.display();
}

class JitterBug {

  float x;
  float y;
  int diameter;
  float speed = 2.5;

  JitterBug(float tempX, float tempY, int tempDiameter) {
    x = tempX;
    y = tempY;
    diameter = tempDiameter;
  }

  void move() {
```

```
    x += random(-speed, speed);
    y += random(-speed, speed);
  }

  void display() {
    ellipse(x, y, diameter, diameter);
  }

}
```

每一个类都是一种数据类型，每一个对象都是一个变量。我们就像用基本数据结构boolean、int和float声明一个变量那样来声明一个对象变量。声明对象就是写一个数据类型跟着一个变量名。

```
JitterBug bug;
```

第二步是用关键词new初始化这个对象。它为对象在内存中开辟空间并创建值域。构造函数的名字写在new关键词的右边，再接着是向构造函数中传入参数，如果有的话。

```
JitterBug bug = new JitterBug(200.0, 250.0, 30);
```

括号中的3个数字是传入JitterBug类中构造函数的值。这些参数的数值和数据类型必须与构造参数中的设置对应一致。

示例10-2：创建多个对象

在第114页的示例10-1中，我们看到了一些新的东西：在draw()函数中，句号（点）被用来使用对象的方法。点操作符用于连接对象名跟它的值域和方法。这样在这个例子中，有两个对象用同一个类创建，看上去就清晰多了。jit.move()函数指向对象jit对应的move()方法，bug.move()函数指向对象bug对应的move()方法。

```
JitterBug jit;
JitterBug bug;

void setup() {
  size(480, 120);
  jit = new JitterBug(width * 0.33, height/2, 50);
  bug = new JitterBug(width * 0.66, height/2, 10);
}
```

```
void draw() {
  jit.move();
  jit.display();
  bug.move();
  bug.display();
}

class JitterBug {

  float x;
  float y;
  int diameter;
  float speed = 2.5;

  JitterBug(float tempX, float tempY, int tempDiameter) {
    x = tempX;
    y = tempY;
    diameter = tempDiameter;
  }

  void move() {
    x += random(-speed, speed);
    y += random(-speed, speed);
  }

  void display() {
    ellipse(x, y, diameter, diameter);
  }

}
```

标签

现在已经有了一个类并且有独一无二的代码结构，对它做任何改动都可以定义一个新的对象。举例来说，你可以为JitterBug类添加一个值域来控制色彩，或者添加另一个值域来定义尺寸。这些值都可以通过构造函数或者添加方法传递进来，例如setColor( )函数或者setSize( )函数。而且由于它是一个自定义的模块，你也可以在另一个草图程序中使用JitterBug类。

现在是时候学些关于Processing开发环境（见图10-2）的标签功能了。标签允许你扩展你的代码，让它有多个文件。这使得长段的代码更容易被编辑并且在通常意义上更好控制。一个新的标签通常用于创建存储一个类，这让使用类的工作环境更模块化，代码也更容易查询。

单击当前标签栏右边的空间创建一个新的标签，当你从菜单栏中选择新标签（New Tab）的时候，信息窗口会要求你为标签命名。使用这个技术，修改这个例子的代码，尝试为JitterBug类建立一个新的标签吧。

每一个标签都表现为草图文件夹下的一个独立的.pde文件。

Processing

File Edit Sketch Debug Tools Help

Java

Ex_10_02 JitterBug

```
class JitterBug {

  float x;
  float y;
  int diameter;
  float speed = 2.5;

  JitterBug(float tempX, float tempY, int tempDiameter) {
    x = tempX;
    y = tempY;
    diameter = tempDiameter;
  }

  void move() {
    x += random(-speed, speed);
    y += random(-speed, speed);
  }

  void display() {
    ellipse(x, y, diameter, diameter);
  }
}
```

Console Errors

图10-2 代码可以被分成不同的标签，这样更容易控制。

机器人8：对象

一个软件对象将方法（methods，也就是函数）和值域（field，也就是变量）整合到一起。这个例子中的Robot类定义所有用它创建的机器人变量。每个Robot对象都单独设置值域来存储位置和绘制在屏幕上的图形。每一个机器人都有更新位置和操作图形的方法。

setup( )函数中bot1和bot2的参数定义x和y的坐标,.svg文件用于描绘机器人。tempX和tempY变量被传入构造函数中，来设置xpos和ypos值域。svgName变量用于加载相应的图像。对象（bot1和bot2）被绘制在不同的位置上并且用了不同的图形，因为它们通过构造函数向对象传入了不同的值。

```
Robot bot1;
Robot bot2;

void setup() {
  size(720, 480);
  bot1 = new Robot("robot1.svg", 90, 80);
  bot2 = new Robot("robot2.svg", 440, 30);
}

void draw() {
  background(0, 153, 204);

  // 更新并显示第一个机器人
```

```
  bot1.update();
  bot1.display();

  // 更新并显示第二个机器人
  bot2.update();
  bot2.display();
}

class Robot {
  float xpos;
  float ypos;
  float angle;
  PShape botShape;
  float yoffset = 0.0;

  // 在构造函数中设置初始值
  Robot(String svgName, float tempX, float tempY) {
    botShape = loadShape(svgName);
    xpos = tempX;
    ypos = tempY;
    angle = random(0, TWO_PI);
  }

  // 更新域
  void update() {
    angle += 0.05;
    yoffset = sin(angle) * 20;
  }

  // 将机器人绘制到屏幕上
  void display() {
    shape(botShape, xpos, ypos + yoffset);
  }
}
```

11 数组

数组是一组拥有一个共同名称的变量。数组非常有用，因为它们让工作变得更简单，无需为每个变量创建一个新的名称。这让代码变得更短、更容易理解、更方便更新。

从变量到数组

当一个程序只需要追踪一两个变量时，它不需要使用数组。因为事实上，如果添加一个没有必要使用的数组可能会让程序变得更加复杂。然而，当一个程序有许多元素的时候（例如，在空间游戏中我们有许多星星，或者在在一个可视化程序中我们需要控制许多绘图点），数组会使程序更加好写。

示例 11-1 ：许多变量

为了更好地理解，请参见第84页的示例8-3。如果我们只需要一个在移动的图形，这个代码没问题，但是，如果我们要两个，那我们就需要写一个新的x变量然后在draw()函数里面更新。

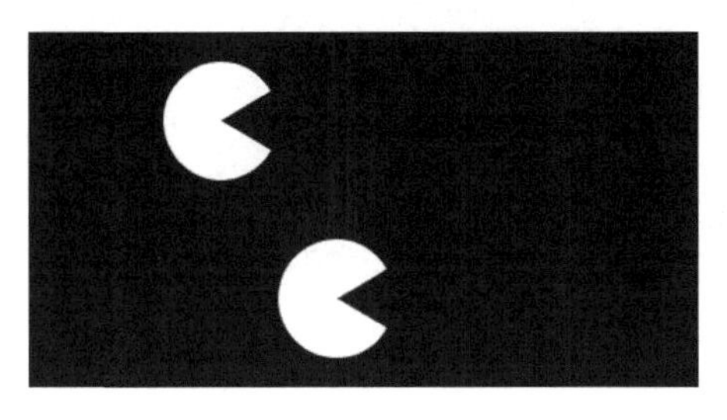

```
float x1 = -20;
float x2 = 20;

void setup() {
  size(240, 120);
  noStroke();
}

void draw() {
```

```
  background(0);
  x1 += 0.5;
  x2 += 0.5;
  arc(x1, 30, 40, 40, 0.52, 5.76);
  arc(x2, 90, 40, 40, 0.52, 5.76);
}
```

示例11-2：太多的变量

之前示例中的代码还是可行的，但是如果我们想要5个圆圈呢？我们需要在之前两个的基础上添加更多新的变量。

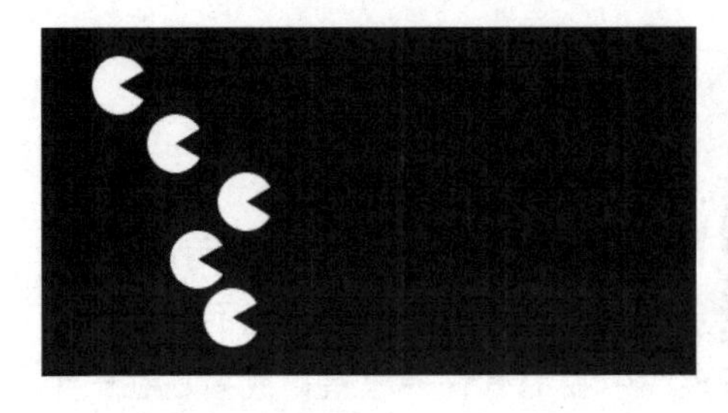
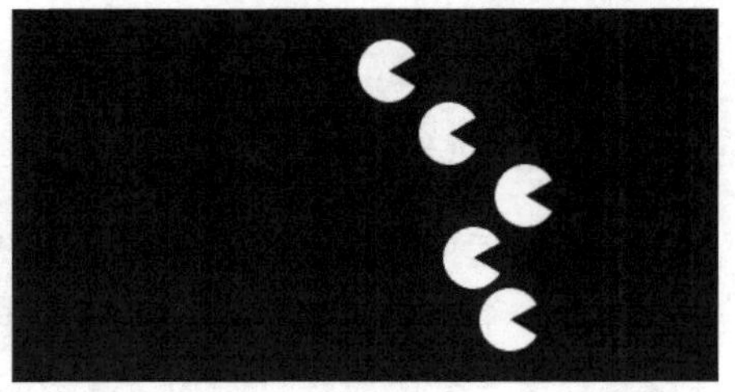

```
float x1 = -10;
float x2 = 10;
float x3 = 35;
float x4 = 18;
float x5 = 30;

void setup() {
  size(240, 120);
  noStroke();
}

void draw() {
  background(0);
  x1 += 0.5;
  x2 += 0.5;
  x3 += 0.5;
  x4 += 0.5;
  x5 += 0.5;
  arc(x1, 20, 20, 20, 0.52, 5.76);
  arc(x2, 40, 20, 20, 0.52, 5.76);
  arc(x3, 60, 20, 20, 0.52, 5.76);
  arc(x4, 80, 20, 20, 0.52, 5.76);
  arc(x5, 100, 20, 20, 0.52, 5.76);
}
```

代码开始变得难以掌控了。

示例 11-3：使用数组，不需要额外的变量

想象一下如果你想要3000个圆那会发生什么。那将意味着你要去写3000个单独的变量，然后更新每一个变量。你能分清楚那么多变量吗？你认为呢？相反，我们使用一个数组的话，会简单得多。

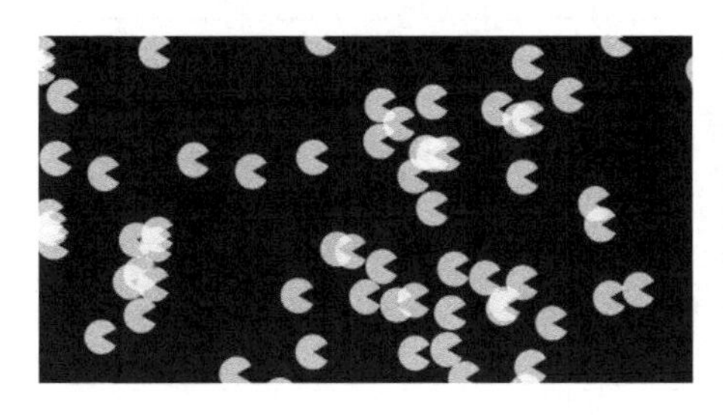
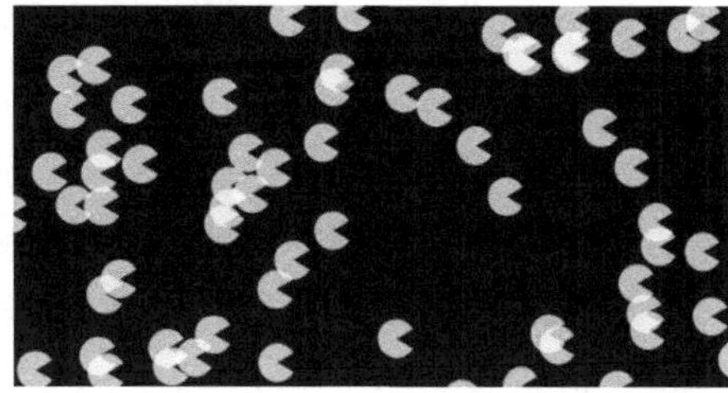

```
float[] x = new float[3000];

void setup() {
  size(240, 120);
  noStroke();
  fill(255, 200);
  for (int i = 0; i < x.length; i++) {
    x[i] = random(-1000, 200);
  }
}

void draw() {
  background(0);
  for (int i = 0; i < x.length; i++) {
    x[i] += 0.5;
    float y = i * 0.4;
    arc(x[i], y, 12, 12, 0.52, 5.76);
  }
}
```

我们会在本章的其余部分来解释这个细节。

创建数组

每一个在数组里面的项目被称作为元素，每一个元素都有一个索引值，用来标记其在数组中的位置。就像是在屏幕上的坐标位置，索引值从数组的0开始计数。例如，第一个元素在数组中的索引值是0，第二个元素在数组中的索引值就是1，以此类推。如果有20个数值在数组中，那么最后一个元素的索引值就应该是19。图11-1为一个数组的结构概念图。

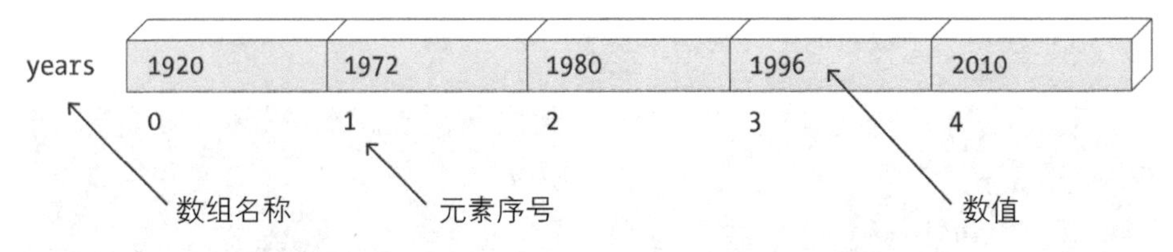

图11-1 一个或更多的变量共同享用一个数组

使用数组类似于使用单独的变量，遵循同种模式。如你所知，你可以写一个整数变量x。

```
int x;
```

写一个数组，只要在数据类型后加上方括号。

```
int[] x;
```

数组的优点是仅用一行代码就能够写2个、10个或者是100000个变量。例如，下面这行代码是2000个整数变量。

```
int[] x = new int[2000];
```

你可以为Processing的所有数据类型来写数组：布尔型、浮点型、字符串、PShape以及任何自定义的类。例如下面的代码创建一个有32个变量的PImage数组。

```
PImage[] images = new PImage[32];
```

写一个数组，是以数据类型来作为它的名称，其后是方括号。接着就是你所选择的数组名字，其后是赋值操作符（等号），然后是关键字new，再后面是数据类型的名称以及括号内的元素个数。这个定义模式适用于所有的数据类型。

每个数组仅可以存储一种类型的数据（布尔型、整型、浮点型、PImage 等）。你不能将不同类型的数据混合在一个数组中。如果你必须这样做，你可以使用对象来代替。

在开始我们的学习之前，让我们先慢下来，详细地谈谈数组的工作细节。与创造一个对象类似，创建数组有3个步骤。

1．声明数组，定义数据类型。

2．利用关键字new创建数组，并且定义数组长度。

3．给每个元素赋值。

每个步骤可以分开每个写一行，也可以压缩到一行。下面3个例子用了不同的方法创建一个x数组来存储12和2这两个整数。请留意创建数组在setup()函数之前和在setup()函数中时都发生了什么。

示例11-4：给一个数组声明和赋值

首先我们将在setup()函数的外面声明数组，然后在setup()函数里面创建并赋值。语法x[0]指向数组里面的第一个元素，语法x[1]指向第二个元素。

```
int[] x;              // 声明数组

void setup() {
  size(200, 200);
  x = new int[2];     // 创建数组
  x[0] = 12;          // 给数组第一个元素赋值
  x[1] = 2;           // 给数组第二个元素赋值
}
```

示例11-5：简化数组赋值

下面是一个更简洁的例子，这个例子中数组的声明和创建写在同一行内，然后在setup()函数内赋值。

```
int[] x = new int[2];  // 同时声明与创建数组

void setup() {
  size(200, 200);
  x[0] = 12;           // 给数组第一个元素赋值
  x[1] = 2;            // 给数组第二个元素赋值
}
```

示例11-6：一次性对整个数组赋值

你同样可以在一行语句内在数组创立的时候对其进行赋值。

```
int[] x = { 12, 2 };  // 声明、创建和赋值

void setup() {
  size(200, 200);
}
```

避免在draw()内创建数组，因为在每一帧上创建一个新数组会降低你的帧率。

示例11-7：重新审视第一个例子

作为一个展示怎么使用数组的完整例子，我们在此重新编例第121页的示例11-1。尽管我们没有看到示例11-3（第123页）那样强大的优势，但是我们却能看到一些重要的细节是如何工作的。

```
float[] x = {-20, 20};

void setup() {
  size(240, 120);
  noStroke();
}

void draw() {
  background(0);
  x[0] += 0.5;  // 增加第一个元素
  x[1] += 0.5;  // 增加第二个元素
  arc(x[0], 30, 40, 40, 0.52, 5.76);
  arc(x[1], 90, 40, 40, 0.52, 5.76);
}
```

循环和数组

第33页“循环”所介绍的for循环在保持代码简明的同时能更容易地与大的数组一起工作。这样就要求写一个循环，来遍历数组中的每一个元素。为了达到这样的目的，你需要知道数组的长度。与数组相关的length关键词存储着这些元素的个数。我们使用数组的名称和点操作符（“.”）来获取这个值。例如：

```
int[] x = new int[2];       // 声明和创建数组
println(x.length);          // 在控制台中输出2

int[] y = new int[1972];    // 声明和创建数组
println(y.length);          // 在控制台中输出1972
```

示例11-8：在一个循环里填入一个数组

一个for循环可以用来给数组赋值，或者将其值读取出来。在本例中，数组先是在setup()函数中被一些随机的数字填充，接下来这些数字被用来设置draw()函数内的stroke值。每一次运行这个程序的时候，一组新的随机数字都会被放入这个数组。

```
float[] gray;

void setup() {
  size(240, 120);
```

```
  gray = new float[width];
  for (int i = 0; i < gray.length; i++) {
    gray[i] = random(0, 255);
  }
}

void draw() {
  for (int i = 0; i < gray.length; i++) {
    stroke(gray[i]);
    line(i, 0, i, height);
  }
}
```

示例11-9：追踪鼠标移动

在这个例子中，有两个数组来存储鼠标的状态——一个用于存储*x*坐标，另一个用于存储*y*坐标。这些数组存储鼠标在过去60帧内的位置。每出现新的一帧，保存最久的*x*坐标、*y*坐标的值都会被清除并被现在的mouseX和mouseY代替。新的值则被添加到数组的第一个位置，但是在这之前，数组中的每一个值都会被向右移动（从后向前）从而为新的数值腾出空间。本例就在阐明这个过程。同样，在每一帧，所有的60个坐标都被用于在屏幕上画出一系列的圆形。

```
int num = 60;
int[] x = new int[num];
int[] y = new int[num];

void setup() {
  size(240, 120);
  noStroke();
}

void draw() {
  background(0);
  // 从后往前复制数组
  for (int i = x.length-1; i > 0; i--) {
    x[i] = x[i-1];
    y[i] = y[i-1];
  }
  x[0] = mouseX;  // 设置第一个元素
```

```
    y[0] = mouseY;  // 设置第一个元素
    for (int i = 0; i < x.length; i++) {
      fill(i * 4);
      ellipse(x[i], y[i], 40, 40);
    }
  }
```

在这个示例和图11-2中，在数组中移动缓冲区数据的技术比另外一个采用%(模块)操作符的技术方法的效率更低。这个在Processing的Examples → Basics → Input → StoringInput例子中有注解。

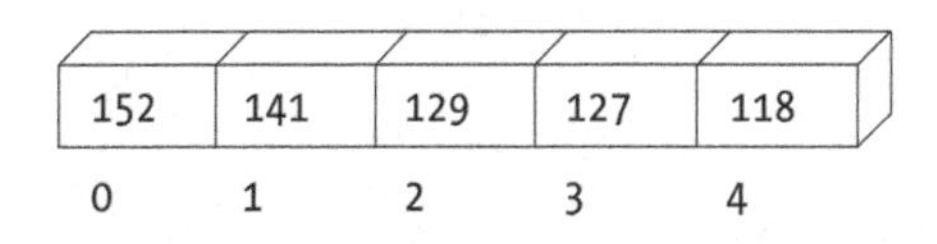

原始数组

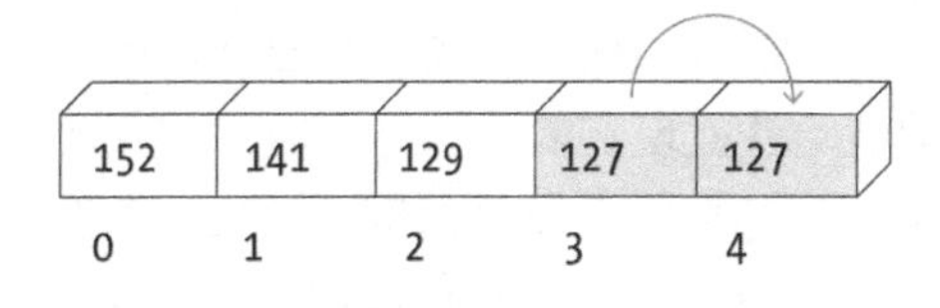

开始循环复制第二到最后一个数值去最后的位置，即元素3到元素4

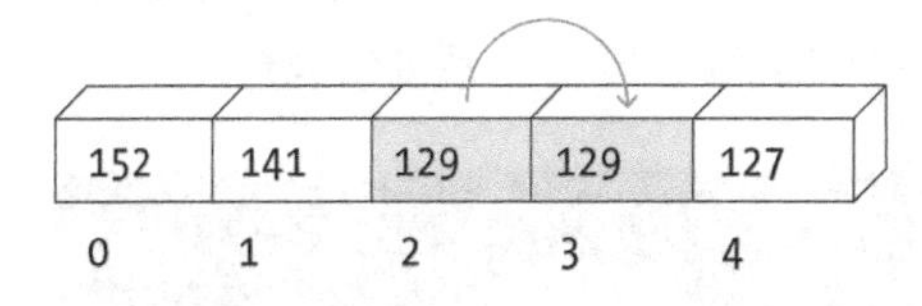

第二次通过循环，复制元素2到元素3

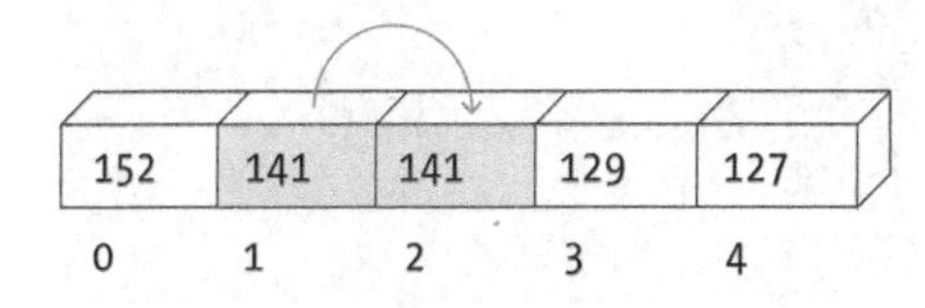

第三次通过循环，复制元素1到元素2

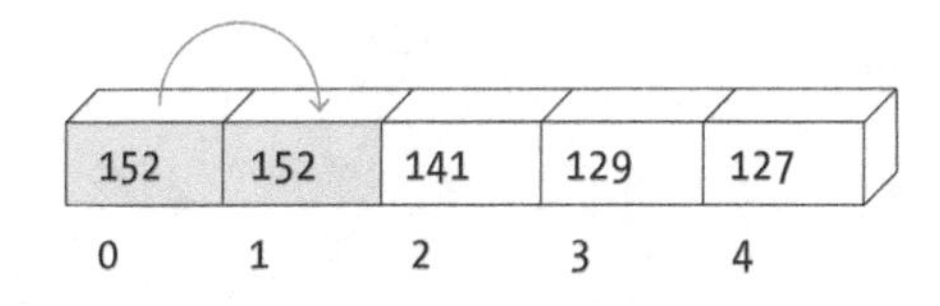

第四次也是最后一次通过循环，复制元素0到元素1

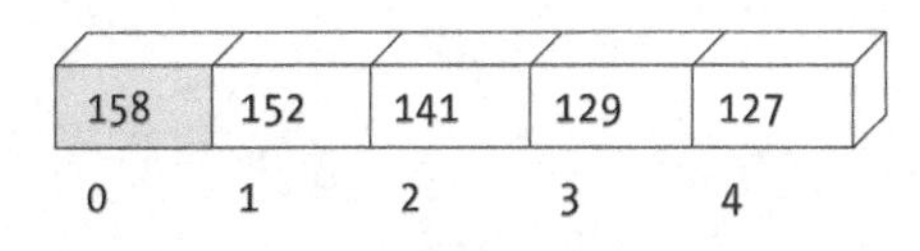

复制新的mouseX数值到元素0

图11-2　在数组中将数值转移至右边

对象数组

本节的这两个小示例将本书的主要编程思想集中到了一起：变量、循环、条件、函数、对象和数组。制作一个对象数组的方式和我们在前面讲到的制作一个数组差不多，但是又存在另外一种考虑：因为每个数组元素都是一个对象，它就必须在对数组赋值之前用一个new关键词来创建（和任何其他对象一样）。在一个用户自定义的类别［例如JitterBug(参见第10章)］中，这就意味着在对数组赋值之前要用new去设置每一个元素。另外，对于一个内置的处理类（例如PImage)，这就意味着要用loadImage( )函数在数组赋值前创建一个对象。

示例11-10：管理多个对象

这个例子中创建了一个有33个JitterBug对象的数组，然后再在每个draw( )函数里进行更新和展示。为了使这个例子起作用，你需要将JitterBug类加到代码中去。

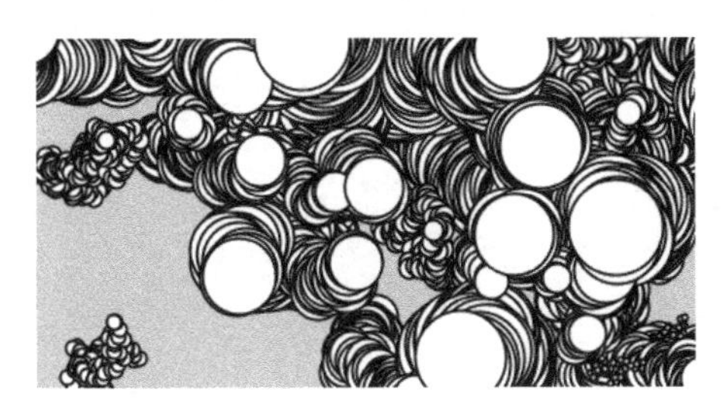

```
JitterBug[] bugs = new JitterBug[33];

void setup() {
  size(240, 120);
  for (int i = 0; i < bugs.length; i++) {
    float x = random(width);
    float y = random(height);
    int r = i + 2;
    bugs[i] = new JitterBug(x, y, r);
  }
}

void draw() {
  for (int i = 0; i < bugs.length; i++) {
    bugs[i].move();
    bugs[i].display();
  }
}

// 从示例10-1复制JitterBug类插入到这
```

示例11-11：一种管理对象的新方法

当我们处理对象数组时，有一种新的循环叫作“enhanced”(改良版)for循环。不像以往那样创建一个类似i变量的计数器变量（参考第129页的示例11-10)，它可以直接对数组进行遍历。在下面的例子中，每一个bugs数组中的

JitterBug对象都被赋值给b，然后可以用它来执行数组中的所有对象的move()和display()函数。

这种新的for循环写法上更紧凑，但是也需要看情况。就像在本例中，我们在setup()函数中并没有使用这种写法，而是使用原有的定义i作为计数器，因为我们需要一些基于i的计算，因此有的时候计数器也是有必要的。

```
JitterBug[] bugs = new JitterBug[33];

void setup() {
  size(240, 120);
  for (int i = 0; i < bugs.length; i++) {
    float x = random(width);
    float y = random(height);
    int r = i + 2;
    bugs[i] = new JitterBug(x, y, r);
  }
}

void draw() {
  for (JitterBug b : bugs) {
    b.move();
    b.display();
  }
}

// 从示例10-1复制一个JitterBug类定义到这
```

最后的数组例子上传了一系列的图像，并且将它们存储在PImage对象的数组中作为元素。

示例11-12：图像序列

运行这个例子，需要从第7章中的media.zip文件中获取图像。这些图像是连续命名的（frame-0000.png、frame-0001.png，以此类推），这样才能在一个for循环内创建每一个文件的名称，可以参见这一段中的第8行。

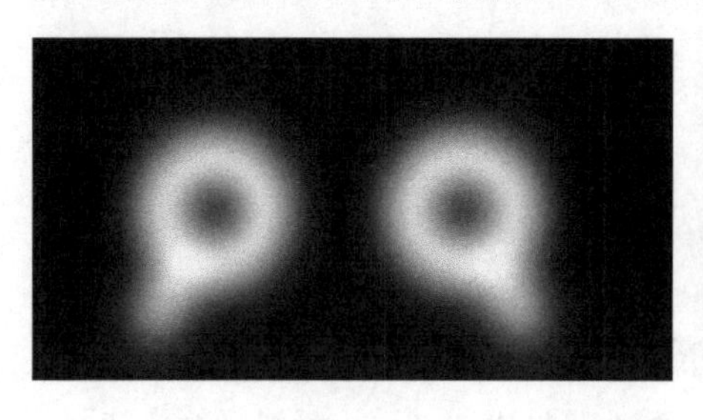

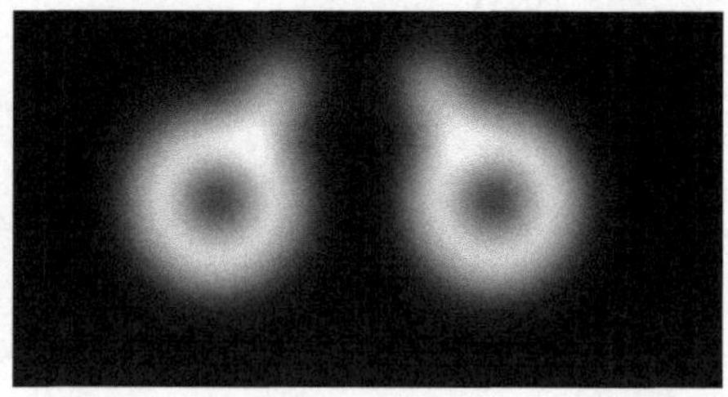

```
int numFrames = 12;  // 帧数
PImage[] images = new PImage[numFrames];  // 创建一个数组
int currentFrame = 0;
```

```
void setup() {
  size(240, 120);
  for (int i = 0; i < images.length; i++) {
    String imageName = "frame-" + nf(i, 4) + ".png";
    images[i] = loadImage(imageName);  // 读取每张图
  }
  frameRate(24);
}

void draw() {
  image(images[currentFrame], 0, 0);
  currentFrame++;        // 下一帧
  if (currentFrame >= images.length) {
    currentFrame = 0;  // 回到最初帧
  }
}
```

nf( )函数负责生成数字。nf(1,4)返回“0001”,nf(11,4)返回“0011”。这些值就与文件名开头(frame-)串在了一起并以.png结尾，这样就创建了一个完整的文件名作为String变量。之后文件被读入数组中。这些图像就会在draw( )函数中依次被展示到屏幕。当数组中最后一张图像被展示的时候，程序返回到数组的开始并再次依次展示这些图片。

机器人9：数组

数组使程序与其他元素一起工作变得更加容易。如下例，在最上面声明一个Robot对象的数组，这个数组设置在setup( )函数里，在for循环中创建每一个Robot对象。在draw( )函数中，另外的一个for循环被用于更新和显示bots数组的每一个元素。

这样的for循环和数组强有力地结合起来。注意这个例子中的代码和机器人的代码之间的细微差别（见第118页“机器人8：对象”）与视觉效果的强烈反差。一旦数组被创建，开始for循环，则与3000个元素一起工作就变得和3个元素一起工作一样简单。

决定将SVG文件装载进setup( )，而不是放入Robot类里，这是对机器人8最大的改变。只需加载一次选定的文件，而不是数组中有多少元素就加载多少次（此例中20次）。这样的改变使得代码运行得更快，因为加载文件需要时间，花费也更少，这种方法占用更少的内存，因为这个文件已经存储一次了。bot数组的每一个元素都引用相同文件。

```
Robot[] bots;  // 声明Robot对象数组

void setup() {
  size(720, 480);
  PShape robotShape = loadShape("robot2.svg");
  // 创建Robot对象数组
  bots = new Robot[20];
  // 创建每个对象
  for (int i = 0; i < bots.length; i++) {
    // 创建随机的x轴坐标
    float x = random(-40, width-40);
    // 基于命令给y轴坐标赋值
    float y = map(i, 0, bots.length, -100, height-200);
    bots[i] = new Robot(robotShape, x, y);
  }
}

void draw() {
  background(0, 153, 204);
  // 在数组中更新显示数组中每个bot
  for (int i = 0; i < bots.length; i++) {
    bots[i].update();
    bots[i].display();
  }
}

class Robot {
  float xpos;
  float ypos;
  float angle;
  PShape botShape;
```

```
float yoffset = 0.0;

// 设置构造函数的初始值
Robot(PShape shape, float tempX, float tempY) {
  botShape = shape;
  xpos = tempX;
  ypos = tempY;
  angle = random(0, TWO_PI);
}

// 更新字段
void update() {
  angle += 0.05;
  yoffset = sin(angle) * 20;
}
    // 在屏幕上绘制机器人
    void display() {
      shape(botShape, xpos, ypos + yoffset);
    }
  }
```

12 数据

数据可视化是代码与图形交汇领域最活跃的一种应用，它也是Processing最吸引人的地方。这一章基于本书之前讨论的关于数据存储与数据加载部分，并且进一步介绍了更多用于数据可视化方面的相关特性。

有许多软件可以构造出标准的可视化，例如柱形图和散点图。然而，如果能够从底层构造出这些可视化，会让你对它有通盘的掌握，并且可以发挥你的想象力去对它进行修改、探索，甚至创造出数据独一无二的表现形式。对于我们而言，这就是使用Processing这类软件来进行学习程序的意义，我们发现了自己创造可视化比直接使用已有的库或者方法有趣多了。

数据总结

这是一个回顾与总结数据的相关操作的好时机。Processing中的一个变量可以用来存储数据的一部分。我们从primitives这个词说起。在这里，primitive代表一类单独的数据。例如，int存储了一个整数，而不能存更多。数据类型的思想十分重要。每种数据类型都是独特的，并且存储方式也各不相同。浮点型数据（带有小数点的数字）、整数（没有小数点）以及字符符号（数字和字母）都有不同的数据类型用于存储信息，分别对应于float、int和char。

一个数组是一种使用一个变量名来存储一系列数据的方式。例如，在第126页的示例11-8中的数组存储了几百个浮点数，用于设置线的不同粗细。数组可以被定义为任意数据类型，但它们的数据必须为相同的某一种数据类型。如果需要在一个数据结构中使用不同的数据类型，那我们则需要定义类。

String、PImage、PFont和PShape这些类存储了超过一个数据元素，并且每一个都是独立的。比如说，一个String数据可以存储超过一个字符、一个字、句子、段落甚至更多。此外，它还有获得数据长度或者大小写转换的函数。另一个例子是PImage，它有一个叫作pixels的数组，以及存储图像宽度和高度的变量。

从String、PImage和PShape类中定义的对象，可以在程序的任何地方定义，同时它们也可以从草图的数据文件夹中读取。本章的例子都是从外部读取数据的，它们会用不同的方法来新建类来存储数据。

Table类被用来存储包括行和列的表格。JSONObject和JSONArray类被用来存储读取JSON格式的数据。这三种文件格式都会在接下来的部分中具体讨论。

XML数据格式是另一种Processing原生数据的格式，其介绍可参见Processing参考资料（Reference），但是本章我们并不介绍。

表格

许多数据是按照行和列存储的，所以Processing引入了Table类，使得对表格的操作更加容易。如果你以前用电子表格程序工作过，你一定会比较熟悉。Processing可以从文件中读取表格，或者在代码中直接创建一个新的表格。同时，支持读写任意行列和修改表格中的独立元素操作。在本章里，我们主要介绍处理表格数据的方法。

列（Column）　　单元坐标（x,y）

0,0	1,0	2,0	3,0
0,1	1,1	2,1	3,1
0,2	1,2	2,2	3,2
0,3	1,3	2,3	3,3

行（Row）

单元（Cell）

图12-1　表格是由元素阵列组成，行（rows）是表示一横行的元素，列（columns）则是纵向一列元素。数据可以通过每行、每列以及每个元素的方式读取。

表格数据通常保存在无格式的文本文件中，每一列用逗号或者tab(制表符)分开。一个逗号分隔符的文件（缩写为CSV），使用的是.csv后缀表示。当它使用tab分隔符时，有的时候我们也用.tsv来表征它。

当你要读取CSV文件或者TSV文件的时候，首先像第7章开始所描述的一样，将它放在你的草稿文件夹中，然后使用loadTable( )函数获取数据，将它导入用Table类构造的对象中去。

在接下来的例子中，我们只显示每个数据的前几行。如果你手工输入代码，你会需要整个.csv、.json和.tsv文件，来生成相应图片中的可视化效果。你可以从示例草图的data文件夹中获取数据（参考第9页的“案例及参考”）

接下来的例子是关于Boston Red Sox的球员David Oriz的简化版的进球统计信息，时间是从1997—2014年。它包含了时间、本垒打、打点（RBI）、击球率。当我们用文本编辑器打开时，前五行的数据应该是下面这个样子的。

```
1997,1,6,0.327
1998,9,46,0.277
1999,0,0,0
2000,10,63,0.282
2001,18,48,0.234
```

示例 12-1：读取表格

我们会创建一个 Tabel 类的对象来将数据读入到 Processing 中。在这个例子中，创建的对象叫作 stats。loadTable( ) 函数从文件夹中读取了 ortiz.csv 文件。然后我们使用 for 循环按顺序读取表格中的每一行。它将从表格中读取的数据存成 int 型和 float 型变量。getRowCount( ) 函数用来统计数据文件中有多少行。Ortiz 的统计时间范围是 1997—2014 年，因此读取了 18 行数据。

```
Table stats;

void setup() {
  stats = loadTable("ortiz.csv");
  for (int i = 0; i < stats.getRowCount(); i++) {
    // 从文件的第 i 行、第 0 列获取一个整数
    int year = stats.getInt(i, 0);
    // 从文件的第 i 行、第 1 列获取一个整数
    int homeRuns = stats.getInt(i, 1);
    int rbi = stats.getInt(i, 2);
    // 获取一个包含小数点的浮点数
    float average = stats.getFloat(i, 3);
    println(year, homeRuns, rbi, average);
  }
}
```

在 for 循环内部，getInt( ) 和 getFloat( ) 方法是用来从表格中读取数据的。值得注意的是，对于整数变量我们必须使用 getInt( ) 方法，对于浮点数变量我们必须使用 getFloat( ) 方法。这两个方法都有两个参数，第一个表示第几行，第二个表示第几列。

示例 12-2：绘制表格

下面这个示例基于之前的例子。它在 setup( ) 函数中读取了数据，并使用了一个数组 homeRuns 来存储它，并且在 draw( ) 函数中对其进行了调用。homeRuns 数组的长度通过 homeRuns.length 来得到，在代码中我们使用了 3 次，通过计数来控制 for 循环的次数。

homeRuns 首先被用于在 setup( ) 函数中定义需要从表格中获取多少次整数。第二次，它被用来对数组中的每个元素进行纵向标记。第三次，它被用来读取数组中的每个元素，直到数组的长度时终止。当数据从 setup( ) 函数中读取到数组之后，剩余的部分就是我们在第 11 章所学的内容了。

下面这个简化的可视化例子是一个Boston Red Sox队选手David Ortiz 1997—2014年的击球统计。

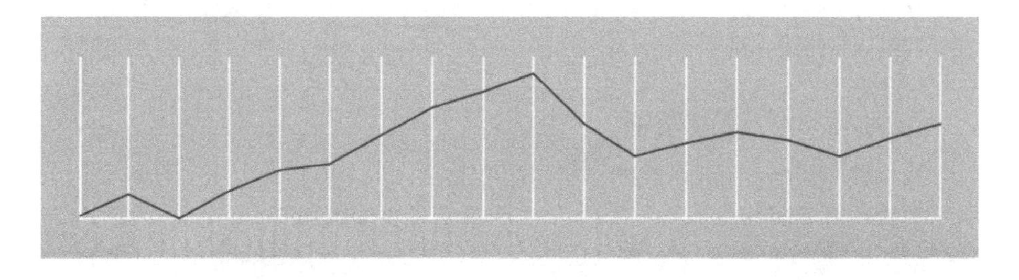

```
int[] homeRuns;

void setup() {
  size(480, 120);
  Table stats = loadTable("ortiz.csv");
  int rowCount = stats.getRowCount();
  homeRuns = new int[rowCount];
  for (int i = 0; i < homeRuns.length; i++) {
    homeRuns[i] = stats.getInt(i, 1);
  }
}

void draw() {
  background(204);
  // 绘制数据的背景网格
  stroke(255);
  line(20, 100, 20, 20);
  line(20, 100, 460, 100);
  for (int i = 0; i < homeRuns.length; i++) {
    float x = map(i, 0, homeRuns.length-1, 20, 460);
    line(x, 20, x, 100);
  }
  // 基于homerun数据绘制曲线
  noFill();
  stroke(204, 51, 0);
  beginShape();
  for (int i = 0; i < homeRuns.length; i++) {
    float x = map(i, 0, homeRuns.length-1, 20, 460);
    float y = map(homeRuns[i], 0, 60, 100, 20);
    vertex(x, y);
  }
  endShape();
}
```

这个例子十分迷你，甚至不用数组存储数据都可以完成。但我们写成使用数组的形式，可以让它应用到更加复杂的例子中去。并且，你可以看到这个例子可以被进一步修改，例如增加纵轴上的信息来表达本垒打的数量，以及增加横轴的信息来定义年份。

示例12-3：29740个城市

为了让我们更好地理解使用数据表的潜力，这个示例会使用一个更大的数据，并且介绍一种方便的特性。这个表格数据和原来的不同，是因为第一行是数据头（header）。数据头定义了每个列的名称。下面是新数据文件cities.csv的前5行。

```
zip,state,city,lat,lng
35004,AL,Acmar,33.584132,-86.51557
35005,AL,Adamsville,33.588437,-86.959727
35006,AL,Adger,33.434277,-87.167455
35007,AL,Keystone,33.236868,-86.812861
```

有了这个表头，可以让数据更好地被理解，例如第二行就表示了Alabama州的Acmar市，它的邮编是35004，并且它的纬度和经度分别是33.584132和-86.51557。这个文件总共有29741行，它定义了29740个美国城市，以及提供了以上这些属性。

在这个例子中我们依旧使用setup( )函数来读取数据，然后使用draw( )函数中的一个for循环将它绘制到屏幕上。setXY( )函数将纬度和经度信息转换成屏幕上点的位置。

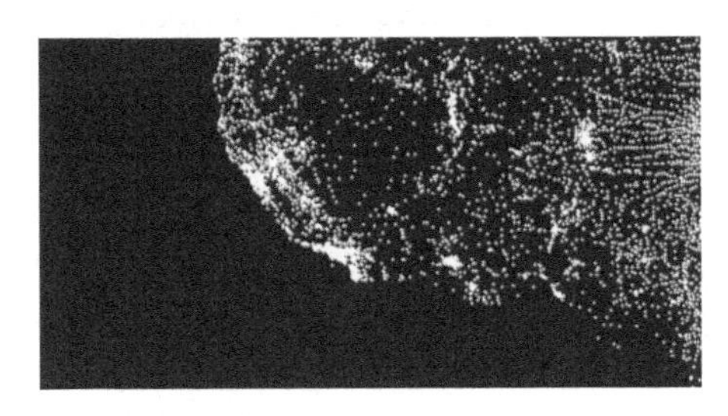

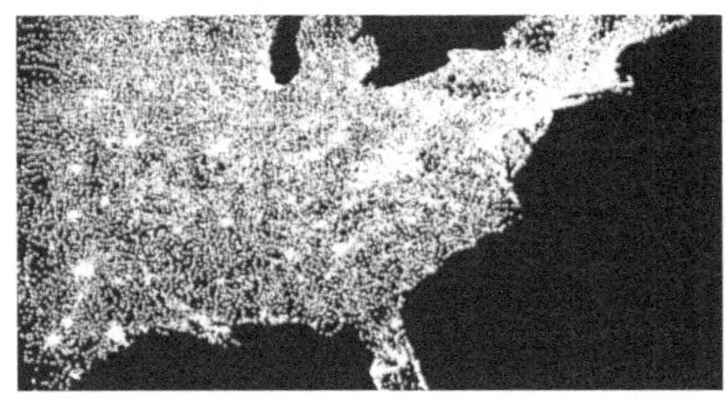

```
Table cities;

void setup() {
  size(240, 120);
  cities = loadTable("cities.csv", "header");
  stroke(255);
}

void draw() {
  background(0, 26, 51);
  float xoffset = map(mouseX, 0, width, -width*3, -width);
  translate(xoffset, -300);
  scale(10);
  strokeWeight(0.1);
  for (int i = 0; i < cities.getRowCount(); i++) {
    float latitude = cities.getFloat(i, "lat");
    float longitude = cities.getFloat(i, "lng");
    setXY(latitude, longitude);
```

```
    }
  }

  void setXY(float lat, float lng) {
    float x = map(lng, -180, 180, 0, width);
    float y = map(lat, 90, -90, 0, height);
    point(x, y);
  }
```

在setup()函数中，注意到loadTable()函数的第二个参数是"header"。如果没有这个参数，它会把第一行当作数据本身，而不是数据头。

Table类拥有一系列的定义方法，类似增加或者减少一个列或者行，获取某一列中的不重复的数据，或者对表格进行排序。更完整的例子可以在Processing Reference中找到。

JSON

JSON（JavaScript Object Notation）格式是另一个存储数据的通用格式。与HTML或者XML一样，每个存储的元素都有一个标签与之相关联。比如说，一个电影的数据可以包含电影名、导演、发布时间、评分等各种标签。

这些标签将会以键值对的形式存在。

```
"title": "Alphaville"
"director": "Jean-Luc Godard"
"year": 1964
"rating": 7.2
```

如果你要使用JSON格式，那么需要增加一些分隔符来区分不同的属性。通常我们使用逗号，并且在数据的头尾需要花括号。在花括号之内的数据我们称之为一个JSON对象。

通过增加了以上描述，我们可以写出一个正确的JSON格式数据。

```
{
  "title": "Alphaville",
  "director": "Jean-Luc Godard",
  "year": 1964,
  "rating": 7.2
}
```

这里还有一个小的有趣的细节需要注意：你会注意到title和director两个数据是使用引号括起来的，这说明它们是String类型数据，而year和rating两个数据则没有用引号括起来，说明它们是数值型数据。更进一步地，year是整数而rating是一个浮点数。这些区别在数据被我们读到程序之后是需要注意的。

在这之上，我们可以增加一个新的电影到列表中，然后我们使用中括号将这两个数据括起来，代表这是JSON对象数组。每个对象都用逗号分隔。

把它们放在一起如下所示。

```
[
  {
    "title": "Alphaville",
    "director": "Jean-Luc Godard",
    "year": 1964,
    "rating": 7.2
  },
  {
    "title": "Pierrot le Fou",
    "director": "Jean-Luc Godard",
    "year": 1965,
    "rating": 7.7
  }
]
```

包含这些特征的数据可以重复增加，从而加入更多的电影数据。在这点上，我们可以对JSON格式和表格数据进行比较。

对于一个CSV文件，数据是这样的。

```
title, director, year, rating
Alphaville, Jean-Luc Godard, 1964, 9.1
Pierrot le Fou, Jean-Luc Godard, 1965, 7.7
```

我们注意到CSV的表示方法使用了更少的字符，这在处理大数据的时候是比较重要的。但是另一方面，JSON格式的数据往往会更简单易懂，因为每一个数据元素都有对应的标签。

现在最基础的JSON格式以及它与表格数据的异同已经和大家介绍过了，让我们来看看Processing读取JSON的实际代码吧。

示例12-4：读取一个JSON文件

这个示例在开始的地方读取了JSON文件，这个文件只包括一个单独的电影Alphaville。

```
JSONObject film;

void setup() {
  film = loadJSONObject("film.json");
  String title = film.getString("title");
  String dir = film.getString("director");
  int year = film.getInt("year");
  float rating = film.getFloat("rating");
  println(title + " by " + dir + ", " + year);
  println("Rating: " + rating);
}
```

JSONObject类型是用来创建一个存储数据的对象。一旦读取数据，每一个数据可以按照顺序读取，也可以通过具体的标签来获得数据。要注意，不同的数据类型是由原始数据类型决定的。getString( )方法用来获得电影的名称，而getInt( )方法用来获得电影的发布时间。

示例12-5：从JSON文件读取数据并进行可视化

当我们需要读取包含不止一个电影数据的JSON文件时，我们需要使用一个新的类——JSONArray。在这里，我们的数据使用了1960—1966年之前示例中的导演的所有的电影。每个电影的名字都被显示在可视化视图中，并按照时间排序，其中评价映射成颜色的灰度值。

这个示例和第141页的示例12-4有所不同。最大的区别在于JSON文件如何读到Film对象中。JSON文件在setup( )函数中被读取，每个JSONObject都包含了一个单独的电影，并传送到Film类的构造函数中。构造函数将JSONObject数据对象中对应的域转换成String、float和int类型。Film类同时还可以显示电影名。

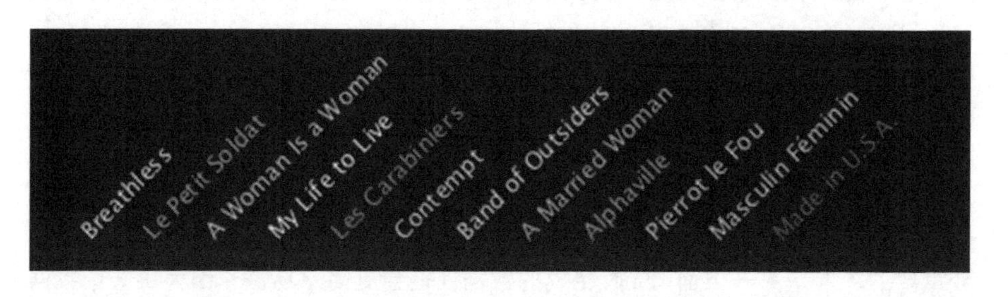


```
Film[] films;

void setup() {
  size(480, 120);
  JSONArray filmArray = loadJSONArray("films.json");
  films = new Film[filmArray.size()];
  for (int i = 0; i < films.length; i++) {
    JSONObject o = filmArray.getJSONObject(i);
    films[i] = new Film(o);
  }
}

void draw() {
  background(0);
  for (int i = 0; i < films.length; i++) {
    int x = i*32 + 32;
    films[i].display(x, 105);
  }
}

class Film {
```

```
  String title;
  String director;
  int year;
  float rating;

  Film(JSONObject f) {
    title = f.getString("title");
    director = f.getString("director");
    year = f.getInt("year");
    rating = f.getFloat("rating");
  }

  void display(int x, int y) {
    float ratingGray = map(rating, 6.5, 8.1, 102, 255);
    pushMatrix();
    translate(x, y);
    rotate(-QUARTER_PI);
    fill(ratingGray);
    text(title, 0, 0);
    popMatrix();
  }
}
```

这个示例是电影数据可视化的代码骨架。它展示了如何读取数据，如何根据这个数值来绘制数据。但是如何去形式化该数据来强调你认为数据中的特性则是一大挑战。比如说，是否展示每年制作电影的数目会更有趣？将这个导演和别的导演的数据进行比较是否会有令人惊奇的发现？我们换不同的字体、画布大小或者高宽比是否会使整体效果更易于阅读？这些技能都在本书前几章里介绍了。

网络数据和API（应用程序接口）

现如今大量政府、公司、组织和个人的数据可以提供公共访问，这与以往有着很大的不同，因为我们之前主要考虑隐私问题而没有公开太多的数据。通常这些数据我们可以通过程序应用接口（API）获得。

API的意思并不是那么直观且易于理解。然而，对于经常和数据打交道的人而言，API还是很好理解的。API可以理解成将一个数据请求做成一种服务。当数据集很大时，复制整个数据并不是那么现实。一个API能够允许程序员只请求他需要的那部分数据，这无疑减少了许多负担。

我们可以通过一个假设的例子来更加清楚地解释这个概念。我们假设有一个公司，它维护了一个国家所有城市的温度范围的数据。该公司提供一个API，可以允许程序员请求1972年10月的任意一个城市的温度的最大值和最小值。为了获得这个数据，请求需要通过程序，按照服务器设定的格式实现。

有一些API是完全公共的，但有一些API需要认证后方可使用，包括需要提供用户ID或者密码，这样数据服务提供者可以追踪用户的行为。几乎所有API都对调用次数与使用频率有所规定与限制。比如说，它可能只允许你每个月访问1000次请求，或者每秒钟不超过一次。

在你的电脑联网时，Processing的程序可以向互联网请求数据。CSV、TSV、JSON、XML等文件都可以通过相应的读取函数进行读取，并且它可以接受URL作为参数。例如，当前Cincinnati的天气就可以在JSON格式链接下获取（http://bit.ly/cin-json）。

让我们认真地阅读以下这个URL，然后来翻译一下。

1．它从openweathermap.org的子域名的API站点请求数据。

2．它需要我们提供一个城市名进行查询（q是查询query的缩写，这在URL设置参数的时候比较常用）。

3.imperial表明了数据会被返回单位为华氏度的温度，如果用metric替换imperial的话就会获得单位为摄氏度的温度。

从OpenWeatherMap提供的数据，我们可以了解到更加真实的数据样例。我们从这个URL中返回的数据如下所示。


```
{"message":"accurate","cod":"200","count":1,"list":[{"id":
4508722,"name":"Cincinnati","coord":{"lon":-84.456886,"lat":
39.161999},"main":{"temp":34.16,"temp_min":34.16,"temp_max":
34.16,"pressure":999.98,"sea_level":1028.34,"grnd_level":
999.98,"humidity":77},"dt":1423501526,"wind":{"speed":
9.48,"deg":354.002},"sys":{"country":"US"},"clouds":{"all":
80},"weather":[{"id":803,"main":"Clouds","description":"broken
clouds","icon":"04d"}]}]}
```


我们把它按照JSON中定义的对象和数组的行来分开，会让它更便于阅读。


```
{
  "message": "accurate",
  "count": 1,
  "cod": "200",
  "list": [{
    "clouds": {"all": 80},
    "dt": 1423501526,
    "coord": {
      "lon": -84.456886,
      "lat": 39.161999
    },
    "id": 4508722,
    "wind": {
      "speed": 9.48,
      "deg": 354.002
    },
    "sys": {"country": "US"},
```

```
    "name": "Cincinnati",
    "weather": [{
      "id": 803,
      "icon": "04d",
      "description": "broken clouds",
      "main": "Clouds"
    }],
    "main": {
      "humidity": 77,
      "pressure": 999.98,
      "temp_max": 34.16,
      "sea_level": 1028.34,
      "temp_min": 34.16,
      "temp": 34.16,
      "grnd_level": 999.98
    }
  }]
}
```

注意list和weather中的括号，表明它是一个JSON对象的数组。尽管在这个数据中只包含一个元素，但是在别的情况下API可能会返回多天的数组或者多个监测站返回的数组。

示例12-6：处理天气数据

处理这个数据，第一步首先是要了解它，然后写下最少的代码提取出需要的信息。在这里，我们比较关注当前的温度。我们可以看到在数据中当前温度是34.16。它被标记为temp，并且是在main对象中的list里。基于此，我们可以写一个getTemp()函数，来读取这个格式的JSON文件。

```
void setup() {
  float temp = getTemp("cincinnati.json");
  println(temp);
}

float getTemp(String fileName) {
  JSONObject weather = loadJSONObject(fileName);
  JSONArray list = weather.getJSONArray("list");
  JSONObject item = list.getJSONObject(0);
  JSONObject main = item.getJSONObject("main");
  float temperature = main.getFloat("temp");
  return temperature;
}
```

JSON文件的名字——cincinnati.json，在setup()函数中被传入getTemp()函数，然后在那被读取。接下来，因为JSON文件的格式设置，一系列的JSONArray和JSONObject文件需要被一层一层地解析出来，直到我们获得想要的数据。这个数据存在于temperature变量中，在setup()函数中被赋值到temp变量里，然后在终端打印出来。

示例12-7：链式方法

JSON变量在上个例子中是一个个读取出来的，我们通过链式方法，可以将它们一次性直接读取。这个示例和第145页的示例12-6的功能相同，但我们使用了dot操作符，而不是每次获取一个变量一次次进行操作。

```
void setup() {
  float temp = getTemp("cincinnati.json");
  println(temp);
}

float getTemp(String fileName) {
  JSONObject weather = loadJSONObject(fileName);
  return weather.getJSONArray("list").getJSONObject(0).
  getJSONObject("main").getFloat("temp");
}
```

同样我们要了解这个温度数值是怎么样在getTemp中获取的。在第145页的示例12-6中，一个浮点型变量被创建出来存储了一个带有小数的值作为中间变量返回。然而在这里我们直接使用了返回了get方法的返回值，这样就不用创建一个中间变量了。

这个示例可以进一步修改，来让它将数据显示在屏幕上而不是只在终端打印出来。你同样也可以从其他的在线API中获得数据，你会发现有一些API共用一些相似的格式。

机器人10：数据

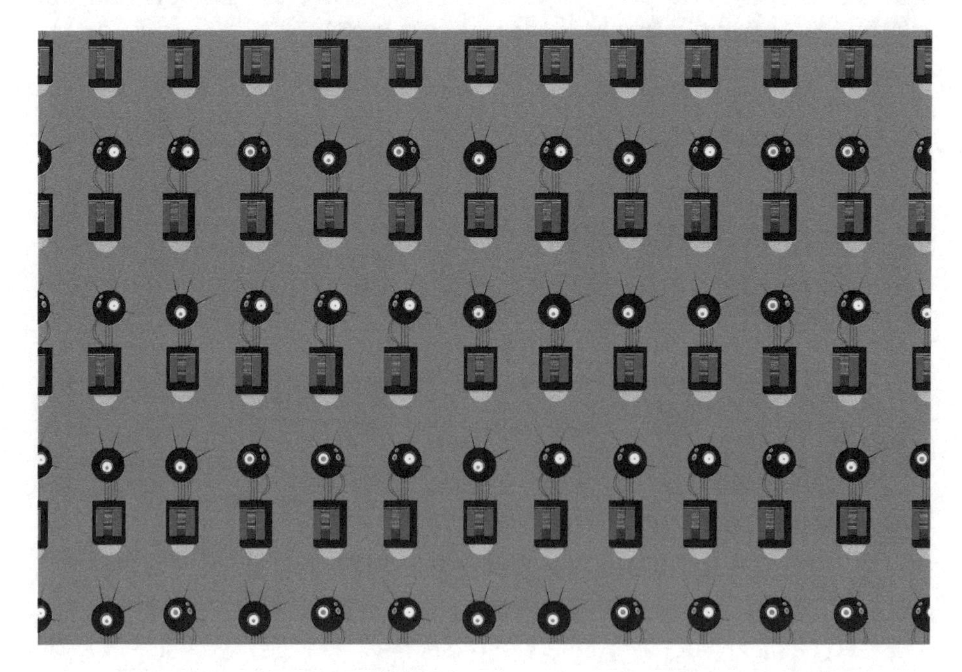

本书最后一个机器人的例子与之前的都不一样，因为它包含了两个部分。第一个部分用随机数和for循环产生了一个数据文件；第二部分读取了这些文件，创建并绘制了一个机器人大军。

第一个文件使用了两个新的代码元素，它们是PrintWriter类和createWriter函数。它们用来创建并打开文件夹中的一个文件，然后将数据保存在该文件中。在这个例子中，PrintWriter创建的对象叫作output，然后输出文件是Army.tsv。在循环中，数据通过使用println( )函数将output对象写入文件。在这里，随机变量被用来控制在每个坐标轴上使用三张机器人的图片的某一张。为了让文件能够成功生成，在程序结束之前必须要调用flush( )和close( )函数。

绘制椭圆的代码只是一个可视化的预览，来展现它在屏幕上坐标的位置，注意这个椭圆并没有被保存在文件中。

```
PrintWriter output;

void setup() {
  size(720, 480);
  // 创建新的文件
  output = createWriter("botArmy.tsv");
  output.println("type\tx\ty");
  for (int y = 0; y <= height; y += 120) {
    for (int x = 0; x <= width; x += 60) {
      int robotType = int(random(1, 4));
      output.println(robotType + "\t" + x + "\t" + y);
      ellipse(x, y, 12, 12);
    }
  }
  output.flush(); // 将剩余的数据写入文件
  output.close(); // 完成文件
}
```

当程序运行完成时，打开botArmy.tsv文件我们可以看到数据是如何被写入的。数据的前五行将会与如下的结构相似。

```
type    x     y
3       0     0
1       20    0
2       40    0
1       60    0
3       80    0
```

第一列决定了使用哪个机器人图片，第二列、第三列分别是x坐标、y坐标。

接下来的第二部分程序读取了botArmy.tsv文件，然后将数据用于以下目的。

```
Table robots;
PShape bot1;
PShape bot2;
PShape bot3;

void setup() {
  size(720, 480);
  background(0, 153, 204);
  bot1 = loadShape("robot1.svg");
  bot2 = loadShape("robot2.svg");
  bot3 = loadShape("robot3.svg");
  shapeMode(CENTER);
  robots = loadTable("botArmy.tsv", "header");
  for (int i = 0; i < robots.getRowCount(); i++) {
    int bot = robots.getInt(i, "type");
    int x = robots.getInt(i, "x");
    int y = robots.getInt(i, "y");
    float sc = 0.3;
    if (bot == 1) {
      shape(bot1, x, y, bot1.width*sc, bot1.height*sc);
    } else if (bot == 2) {
      shape(bot2, x, y, bot2.width*sc, bot2.height*sc);
    } else {
      shape(bot3, x, y, bot3.width*sc, bot3.height*sc);
    }
  }
}
```

一个更简洁明了的版本如下所示，使用了数组和Tabel类的rows()方法。

```
int numRobotTypes = 3;
PShape[] shapes = new PShape[numRobotTypes];
float scalar = 0.3;

void setup() {
  size(720, 480);
  background(0, 153, 204);
  for (int i = 0; i < numRobotTypes; i++) {
    shapes[i] = loadShape("robot" + (i+1) + ".svg");
  }
  shapeMode(CENTER);
  Table botArmy = loadTable("botArmy.tsv", "header");
  for (TableRow row : botArmy.rows()) {
    int robotType = row.getInt("type");
    int x = row.getInt("x");
    int y = row.getInt("y");
    PShape bot = shapes[robotType - 1];
    shape(bot, x, y, bot.width*scalar, bot.height*scalar);
  }
}
```

13 延伸

本书注重于用Processing来制作互动图像，因为这是Processing的核心。不仅如此，它可以做更多，它往往是一些复杂联机项目中的一部分，而不仅仅针对一台计算机和一个显示器。例如，Processing可以用来控制机器、为高清电影导出图像、导出三维印刷模型等。

在过去的10年中，Processing已经被用来制过Radiohead和R.E.M.的MV，制作例如《Nature》或《纽约时报》中的标示图，或者进行图片展览、控制大型显示墙，甚至来织毛衣。Processing的可扩展性得益于它的库系统。

一个Processing的库是包含了一系列扩展软件核心函数和类的代码。库对于程序来说非常重要，因为它能让开发者迅速加入新的功能。相比于将这些功能集成到软件中来说，它更小、更独立、更容易管理。

使用库的方式是，从菜单栏（Sketch Menu）选择导入库（import Library），选择一个你要添加或者你的程序要用到的库。

例如，当你需要添加PDF扩展库的时候，需要将下面这行代码添加到草稿程序上面。

```
import processing.pdf.*;
```

除了Processing里的库（这些被称为核心库），还有超过100个非官方的库在Processing网站上。

在通过菜单栏（Sketch Menu）导入非官方的库时，你需要先从各自的网站上下载文件并且存放到本地的库文件夹中。你本地的库（libraries）文件夹位于你的草稿本（sketchbook）里。你可以通过打开Processing的偏好设置（Preferences）找到本地草稿本（sketchbook）的路径。库管理系统（Library Manager）同样可以进行更新和移除库。

如上所说的，这里有超过100个Processing的库，所以我们就不在这里做全面的讨论了。我们会在本章里选取一些最有用的、最有意思的内容来做一下介绍。

声音

在Processing 3.0中引入声音音频库拥有播放、分析、生成声音的功能。这个库需要通过库管理系统进行下载（因为它的文件大小的原因，它没有被集成在初始的Processing文件中)。

类似于第7章中介绍的图像、图形和字体，一个声音文件也是Processing中的一种多媒体文件类型。Processing的声音文件可以读取一系列文件格式，包括WAV、AIFF和MP3等。当一个声音文件被加载，它就可以被播放、停止、以及循环播放，甚至可以使用不同的“特效”类别来进行声音的形变。

示例13-1：播放一个声音样例

声音库中最经常用到的声音就是背景音乐，或者是系统中事件触发的提示音。接下来这个例子是基于第86页的示例8-5，它的效果是当一个形状触碰到屏幕的边缘时，程序会发出声音。在此之前，你需要从http://www.processing.org/learning/books/media.zip下载blip.wav文件。

对象在程序的开始处定义SoundFile，它在setup()函数中被加载。接下来在程序的任意地方我们都可以使用它。

```
import processing.sound.*;

SoundFile blip;

int radius = 120;
float x = 0;
float speed = 1.0;
int direction = 1;

void setup() {
  size(440, 440);
  ellipseMode(RADIUS);
  blip = new SoundFile(this, "blip.wav");
  x = width/2; // 从中心开始
}

void draw() {
  background(0);
  x += speed * direction;
  if ((x > width-radius) || (x < radius)) {
    direction = -direction; // 调转方向
    blip.play();
  }
  if (direction == 1) {
    arc(x, 220, radius, radius, 0.52, 5.76); // 朝右
  } else {
    arc(x, 220, radius, radius, 3.67, 8.9); // 朝左
  }
}
```

当它的play()函数被调用的时候，声音就被触发。这个示例的成功之处在于我们设置了x变量在屏幕的边缘时，声音才被触发。如果每次draw()函数执行

时我们就让它触发声音，那么它会1s发出60次，永远都停不下来了。这会导致一种快速的被切断的声音效果。为了让程序运行时它可以长时间播放，可以将play()函数或者loop()函数放在setup()函数中调用，这样它只会被完整地触发一次。

SoundFile类有许多方法来控制声音如何被播放。最重要的就是play()函数，它可以播放一次声音文件。loop()函数是让它循环播放，stop()函数是暂停播放，jump()函数是跳转到声音的某个部分去。

示例13-2：从话筒中听取声音

除了播放声音，Processing可以“听”声音。如果你的电脑有话筒（传声器）的话，Sound库可以直接读取实时的话筒声音。获得的声音可以被进一步地分析、修改与播放。

```
import processing.sound.*;

AudioIn mic;
Amplitude amp;

void setup() {
  size(440, 440);
  background(0);
  // 创建一个声音输入，然后开始执行
  mic = new AudioIn(this, 0);
  mic.start();
  // 创建一个新的幅度分析器，然后将路径指向输入
  amp = new Amplitude(this);
  amp.input(mic);
}


void draw() {
```

```
  // 绘制渐变至黑色的背景
  noStroke();
  fill(26, 76, 102, 10);
  rect(0, 0, width, height);
  // analyze( )函数返回值在0~1之间
  // 因此map可以用来将这个范围映射到更大数的范围去
  float diameter = map(amp.analyze(), 0, 1, 10, width);
  // 根据音量绘制圆形
  fill(255);
  ellipse(width/2, height/2, diameter, diameter);
}
```

从连接的话筒中获得amplitude（音量）需要两个步骤。AudioIn类用来从话筒中获得信号数据，Amplitude类用来度量话筒的信号数据。这两个类定义的对象都放在代码的开头，并在setup( )函数中创建。

在Amplitude对象（在这里我们的变量名是amp）创建之后，AudioIn（这里是mic）会通过input( )方法将其指定为输入。之后，程序中的amp的analyze( )函数可以在任何时候读取话筒的声音数据。在这个例子中，每次用draw( )函数的时候读取该值，将声音数据映射成为绘制的圆的大小。

除了前面两个例子所表示的可以播放声音以及分析声音之外，Processing还可以直接合成声音。声音合成的基础是波形函数，包括正弦波形、三角波形以及方形波形。

一个sine波形的声音听起来是平滑的，而方形波形声音是刺耳的，三角波形的效果大概是在这两者之间。每个波形有一系列特征属性。其中，频率的单位用赫兹表示，决定了声音的音高。而音量决定了声音的程度，即声音的大小。

示例13-3：创建一个正弦波形

在接下来的示例中，mouseX的值决定了一个正弦波的频率。当鼠标向左或向右移动时，声音的频率和相应的波形可视化会随之变化。

```
import processing.sound.*;

SinOsc sine;

float freq = 400;

void setup() {
  size(440, 440);
  // 创建及启动正弦振荡器
  sine = new SinOsc(this);
  sine.play();
}

void draw() {
  background(176, 204, 176);
  // 将mouseX的值映射到20Hz~440Hz的区间中
  float hertz = map(mouseX, 0, width, 20.0, 440.0);
  sine.freq(hertz);
  // 将声音的频率进行可视化
  stroke(26, 76, 102);
  for (int x = 0; x < width; x++) {
    float angle = map(x, 0, width, 0, TWO_PI * hertz);
    float sinValue = sin(angle) * 120;
    line(x, 0, x, height/2 + sinValue);
  }
}
```

sine对象是属于SinOsc类，程序开始时被声明，之后在setup( )函数中创建。波形需要通过play( )函数来转化成可以听到的声音。在draw( )函数中，freq( )函数持续地读取鼠标的左右位置来更新波形的频率。

图像和PDF导出

由Processing程序创建的动画图像可以通过saveFrame( )函数这个功能转换成一个文件序列。当saveFrame( )函数出现在draw( )函数的末端时，它根据序列以TIFF格式保存程序的图片到草稿的文件夹中，并分别命名为screen-0001.tif、screen-0002.tif等。

这些文件可以被导入进一个视频或动画程序，并保存为影片文件。你也可以用以下的代码为你的文件命名。

```
saveFrame("output-####.png");
```

使用#符号来表示在文件名中的序号。它们在文件被保存的同时，会用实际的帧数来替代它。当有许多图像帧的时候，你也可以建立一个子文件夹来保存文件。

```
saveFrame("frames/output-####.png");
```

在draw()函数内使用saveFrame()函数时，每一帧都会被保存成一个文件，所以要注意，它将在草稿文件夹中生成数以千计的文件。

示例13-4：保存图像

这个例子显示了如何通过保存图像来完成一个2s的动画。它读取了第80页的“机器人5：媒体”机器人文件，并控制它移动。可以回到第7章去回顾一下如何将robot1.svg文件下载并导入到程序中。

程序以30帧每秒的速度运行，达到60帧以后退出。

```
PShape bot;
float x = 0;

void setup() {
  size(720, 480);
  bot = loadShape("robot1.svg");
  frameRate(30);
}

void draw() {
  background(0, 153, 204);
  translate(x, 0);
  shape(bot, 0, 80);
  saveFrame("frames/SaveExample-####.tif");
  x += 12;

  if (frameCount > 60) {
    exit();
  }
}
```

Processing 将基于文件扩展名（包括.png、.jpg 或.tif 等内置格式，在另外一些平台上也许支持另外一些格式）来写入一张图像。可以在 Sketch → Show Sketch Folder 菜单中去打开保存的文件。

.tif 图像保存时是无压缩的，且速度很快，但它会占用大量空间。.png 和.jpg 格式通过压缩来保存，它们会创建相对小的文件，但通常需要更多时间来保存，导致程序运行缓慢。

如果你导出的是矢量图，你可以将它保存为高分辨率的 PDF 文件。PDF 导出库允许你将草稿直接写成 PDF 文件。这些矢量图文件能够放大或缩小，而且不损失分辨率，因此是最理想的打印格式——从海报到横幅甚至是整本书。

示例 13-5：导出 PDF

这个例子基于第 154 页的示例，这个例子绘制了更多的机器人，但它变成了静态的。在程序的开始导入 PDF 库，使 Processing 可以写入 PDF 文件。

size( ) 函数的第三和第四个参数，决定了它导出的是 PDF 文件，并且文件名叫作 Ex-11-5.pdf。

```
import processing.pdf.*;

PShape bot;

void setup() {
  size(600, 800, PDF, "Ex-13-5.pdf");
  bot = loadShape("robot1.svg");
}

void draw() {
  background(0, 153, 204);
  for (int i = 0; i < 100; i++) {
    float rx = random(-bot.width, width);
    float ry = random(-bot.height, height);
    shape(bot, rx, ry);
  }
  exit();
}
```

这个几何图形并不显示在屏幕上；它直接被写成了 PDF 文件，并被保存在草稿文件夹内。该程序中的代码运行一次，代码运行至 draw( ) 函数末端时退出。最终导出图形如图 13-1 所示。

在 Processing 中，还有更多 PDF 导出库的例子。你可以在 Processing“PDF 导出”示例中找到更多例子，通过它们来学习更多的技巧。

图13-1　示例3-5中的输出被导出成PDF

你好Arduino

Arduino是一个电子原型平台——包含一系列微控制器以及软件程序。Processing和Arduino有着共同的历史，虽然它们属于不同的领域，但是它们是姐妹项目，有着非常相近的想法和目标。因为它们享有着共同的编辑和编程环境以及类似的语法，所以它们的之间的知识也是通用的。

在本节中，我们侧重于从Processing来读取Arduino的数据，然后再把这些数据呈现在屏幕上。这使得更多新的传感器可以通过Arduino输入到Processing里并且图形化出来。这些通过Arduino板的输入可以是任何的传感器，例如距离传感器、指针传感器、温度传感器。

本节的介绍是在你对于Arduino知识有一定了解的基础上进行的。如果你还不了解Arduino，你可以通过http://www.arduino.cc的网站和Massimo Banzi所著的《Getting Started with Arduino》（中文版本为人民邮电出版社出版的《爱上Arduino》）开始学习。一旦你有了一些基础知识之后，你可以通过Tom Igoe所写的《Making Things Talk》来学习更多Processing和Arduino之间相互通信的知识。

数据可以通过Processing的串行库（Serial Library）的帮助与Arduino板进行数据的转换。串行是一种数据格式，它每次发送一个字节。在Arduino的世界里，一个字节的数据可以存储0~255之间的数值；类似于int，但是区间更小。大的数值被分割成一系列的字节然后再重新整合。

在以下的示例中，我们侧重于Processing的处理关系，而Arduino代码会比较简单。我们将Arduino每次发来的数据视觉化，所有涉及的技术将适用于数以百计的Arduino例子。我们希望这能够让你有个良好的开端。

示例 13-6：读取传感器

以下使用的Arduino代码被用于接下来的3个Processing例子。

```
// 注意：这个代码被用于Arduino板，而不是Processing

int sensorPin = 0;  // 选择输入引脚
int val = 0;

void setup() {
  Serial.begin(9600);  // 打开串口
}

void loop() {
  val = analogRead(sensorPin) / 4;  // 读取传感器数值
  Serial.write((byte)val);  // 显示变量
  delay(100);  // 等待100ms
}
```

关于这个Arduino的例子要注意两个细节：首先它需要在Arduino板的模拟输入引脚0上接入附加的传感器。你可以使用一个光传感器（又称为光敏电阻器、光电管或者LDR）或者另外一个模拟电阻，例如热敏电阻（温敏电阻）、弯曲传感器，或者压力传感器（力敏电阻）。电路图与线路以及电子元器件见图13-2。

然后，注意返回值的函数analogRead( )，所读取的数值除以4。因为analogRead( )函数的数值是0~1023，所以我们除以4转换到0~255，使数据可以单字节地发送。

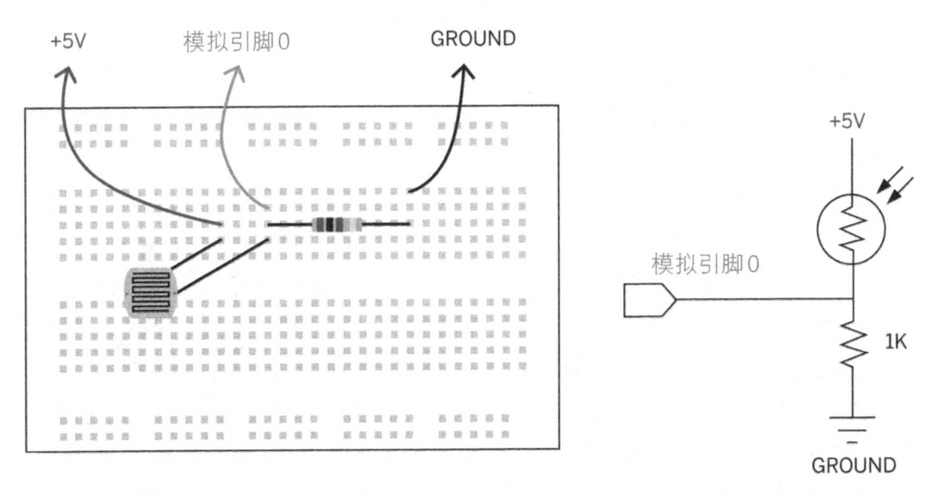

图13-2 光敏电阻接入到模拟引脚0

示例13-7：从串口读取数据

第一个可视化例子示范了如何从Arduino上读取数据并转化为适合屏幕大小的数值。

```
import processing.serial.*;

Serial port;  // 创建串口对象
float val;  // 从串口获得数据

void setup() {
  size(440, 220);
  // 重要提示：
  // Serial.list( )接收到的第一个串口检索
  // 应该是你的Arduino
  // 如果不是，删除下面未评论的部分并运行草稿
  // 然后查看串口列表
  // 然后修改在[]括号中间的数值0. 改为你Arduino串口所显示的数值
  //printArray(Serial.list());
  String arduinoPort = Serial.list()[0];
  port = new Serial(this, arduinoPort, 9600);
}
void draw() {
  if (port.available() > 0) {        // 如果数据可用
    val = port.read();          // 读取并存储到val
    val = map(val, 0, 255, 0, height); // 转换数值
  }
  rect(40, val-10, 360, 20);
}
```

串口库是在第一行被导入，并且在setup()函数中被打开的。这中间可能并不会那么顺利地让Processing连接上Arduino，这取决于你的硬件设置。你的电脑上经常会有不止一个设备，Processing可能会尝试与每一个设备去取得通信。如果一开始代码并没有正常运行的话，读下setup()函数里面的备注，然后根据提示操作。

在draw()函数中，串口对象的数值则采用了read()函数的方法。当新的字节可用时，程序会自动读取串口的数值。然后由available()方法检查是否有新返回的字节数。在这儿，每次有新的字节被成功读取之后都会通过draw()函数中的map()函数进行数值的转换。数值从最初的0~255转换成为0~220，也就是程序画面的高度。

示例13-8：可视化数据流

数值直接来自传感器，这些数值往往是浮动的。我们会通过一个更有趣的格式来看到整个数据的呈现。这样可以使数据看上去平滑、均匀。在程序的上半部分，我们可以通过光敏电阻提取原始数据，在程序的下半部分提取经过数据平滑处理的信号。

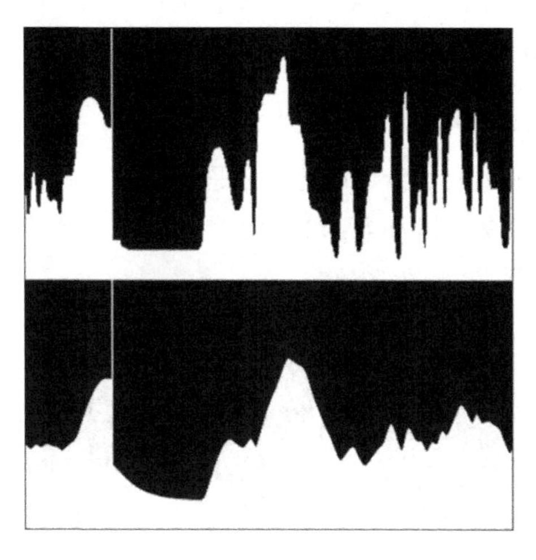
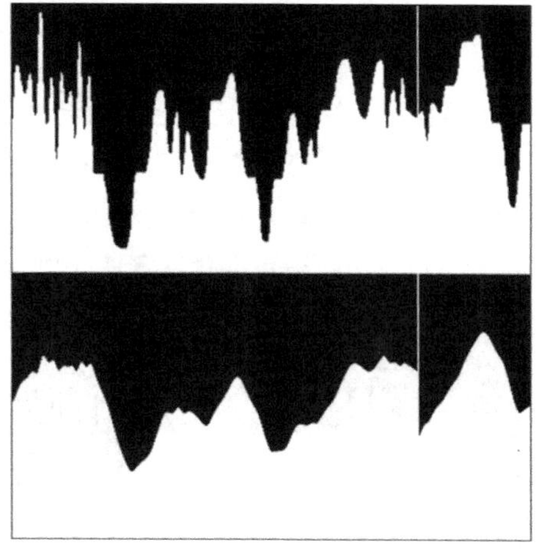

```
port processing.serial.*;

rial port;  // 创建串口对象
oat val;    // 从串口获得数据
t x;
oat easing = 0.05;
oat easedVal;

id setup() {
size(440, 440);
frameRate(30);
String arduinoPort = Serial.list()[0];
port = new Serial(this, arduinoPort, 9600);
background(0);
```

```
id draw() {
if ( port.available() > 0) { // 如果数据可用
  val = port.read();         // 读取并存储到val
  val = map(val, 0, 255, 0, height/2); // 转换数值
}
float targetVal = val;
easedVal += (targetVal - easedVal) * easing;

stroke(0);
line(x, 0, x, height);          // 黑线
stroke(255);
line(x+1, 0, x+1, height);      // 白线
line(x, 220, x, val);           // 原始数值
line(x, 440, x, easedVal + 220);  // 平均数值
if (x > width) {
  x = 0;
}
```

类似于第45页的示例5-8和第46页的示例5-9，这个草稿用了Easing技术。每个Arduino板上新的字节被设为目标值，并且计算当前值和目标值的差值，然后使当前值更加接近目标值。调整easing变量会影响输入数值的平滑程度。

示例11-9：看待数据的另一种方式

这个例子的灵感来自于雷达图。Arduino的数值读取方式还是没有改变，但是它们通过之前第92页的示例8-12和示例8-13以及第93页的示例8-15中介绍的sin()和cos()函数被可视化在了一个圆形中。

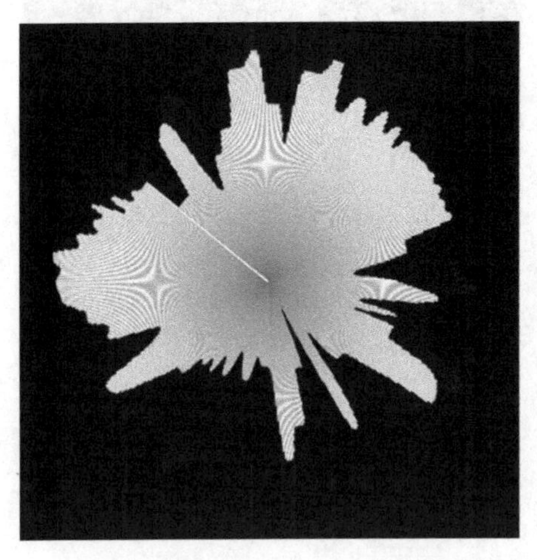

```
import processing.serial.*;

Serial port;  // 创建串口对象
float val;    // 从串口接收数据
```

```
float angle;
float radius;

void setup() {
  size(440, 440);
  frameRate(30);
  strokeWeight(2);
  String arduinoPort = Serial.list()[0];
  port = new Serial(this, arduinoPort, 9600);
  background(0);
}

void draw() {
  if ( port.available() > 0) {  // 如果数据可用，
    val = port.read();          // 读取并存储到val
    // 转化数值为半径
    radius = map(val, 0, 255, 0, height * 0.45);
  }

  int middleX = width/2;
  int middleY = height/2;
  float x = middleX + cos(angle) * height/2;
  float y = middleY + sin(angle) * height/2;
  stroke(0);
  line(middleX, middleY, x, y);

  x = middleX + cos(angle) * radius;
  y = middleY + sin(angle) * radius;
  stroke(255);
  line(middleX, middleY, x, y);

  angle += 0.01;
}
```

angle变量会不断更新并且通过直线来绘出当前数值，通过绘线到屏幕中心的距离可以看出数值的变化。在循环一圈以后，数据则会覆盖之前的数据。

我们非常兴奋地可以看到通过Processing和Arduino的通信搭建起了软件世界和电子世界的桥梁。除了书中所提到的这些例子外，通信也是双向的，也可以通过屏幕上的元素去控制Arduino板。这就意味着你可以以Processing程序作为操作界面，通过电脑去控制电机、扬声器、灯光、相机、传感器等几乎所有的东西。你可以在Arduino网站上找到更多的信息：http://www.arduino.cc。

附录A　编程小贴士

编程是另一种写作。就像所有类型的写作一样，编程有具体的规则。为了便于比较，我们会快速提到一些英语规则。由于习惯原因，有些你可能根本没有注意到。例如一些更隐蔽性的规则，如从左写到右，每个单词之间的空格。更为明显的是一些单词拼写的共识，人名、地名的首字母大写及使用标点符号来结束整句句子！如果我们给朋友写信的时候打破了一些规则，信息仍然能够传达。例如“hello ben.how r u today”与“Hello Ben. How are you today?”然而，灵活性的规则对于编程来说并不适用。因为你在和电脑沟通而不是和人。你必须精确而谨慎。一个错位的字符往往就是决定这个程序能否运行的关键。

如果你的代码有语法（syntax）问题（我们叫作程序缺陷或者漏洞），Processing会尝试指出你的错误以及推测你错误的原因。然后消息区域会变成红色，Processing会尝试把怀疑可能出现错误代码的地方高亮标记出来。代码错误往往是在高亮行的上或者下，有时候也可能偏离较远。消息区域的文字尝试帮你分析出潜在的问题。有时候Processing给出的错误信息有可能很难理解，对于初学者来说会感到沮丧。请理解，Processing只是一个简单的软件，它对于你想尝试做的事情知道得很有限。

控制台中会显示更长的错误信息，通过拖动滚动条可以得到更多的提示。此外，Processing每次仅能找出一个漏洞，如果你程序错误较多，那么你可能需要一个一个地运行和修复。

请仔细阅读以下的建议来帮助你写清代码。

函数和参数

程序由很多部分组成，它们被组合在一起形成更大的结构。在英语中有相似的系统：词形成词组，词组形成句，句形成段。这个观点同样适用于代码，只是这些细小的部分名称不同功能也不同。函数和参数是两个重要的部分。函数是编程的奠基石，参数则决定了函数执行的内容。

看看background( )这个函数。如名字所示，它被用来设置屏幕的背景颜色。这个函数有3个参数来定义这种颜色。这些数字定义红、绿、蓝颜色的组件，从而定义复合色彩。例如，下面的代码就构成一个蓝色背景。

```
background(51, 102, 153);
```

仔细看这行代码。主要细节在函数名称后面的括号，包括数字、数字间的逗号和末尾的分号。这个分号就表示一个周期。它表示一个指令已经结束，电脑可以进入到下一个环节。代码运行需要所有部分就位。比较之前例子中的指令和同一指令中的3个另外的版本：

```
background 51, 102, 153; // 错误！漏掉了括号
background(51 102, 153); // 错误！漏掉了逗号
background(51, 102, 153) // 错误！漏掉了分号
```

即使是与期望正确的代码有着极小的区别或者缩写，电脑都不会放过。如果你能记住这些细节，错误就会减少。但是如果你像我们所有人一样忘了输入它们，也不会有问题。对于这些错误，Processing会给予提示，只要修复好了，程序就能正常运行了。

颜色映射

Processing编程环境中的颜色与其他程序中的颜色不同，特有的程序词会被分为蓝色和橘色，用来与你自己定义的部分区别开。如变量和函数的名称是黑色的。基本符号如()、[]和>等都是黑色的。

注释

注释是你自己（或者其他人）写在代码后面作为参考的内容。你可以用大众化的语言来提供额外的信息，用来说明代码的用途。如程序的标题和作者等。注释从双斜杠//开始一直持续到本行结束。

```
// 这是一行注释
```

你也可以用/*开始，*/结束，来写数行的注释。

```
/* 这是一段
   3行的
   注释
*/
```

当被辨认为注释的时候，文字颜色会变成灰色，这样会使你清楚地看到程序中哪里是注释。

大写与小写

Processing区分大小写字母，“Hello”与“hello”是有区别的，如果你用想

用rect( )函数来画一个矩形，但是你输入的是Rect( )函数，那么代码是运行不了的。你可以看到Prceossing会高亮错误的部分。

编程风格

Processing对于你代码中空格的使用是没有限制的，它不会在乎你有多少空格。

```
rect(50, 20, 30, 40);
```

或：

```
rect (50,20,30,40);
```

或：

```
rect      (          50,20,
 30,   40)               ;
```

然而，对你来说，格式规范的好处是可以让代码更容易阅读。这对于很长的代码来说非常重要。清晰的格式和结构能够让你立即看清代码。草率的格式往往使你不易发现问题。养成理清代码的好习惯。有很多不同的方式来格式化代码，你可以按照你的个人喜好去选择不同的空格排布和处理方式。

控制台

控制台在Processing开发环境的底部。你可以用Println( )函数在控制台中写入信息。比如说，下面的代码显示现在的时间。

```
println("Hello, Processing.");
println("The time is " + hour() + ":" + minute());
```

控制台是运行程序的时候必不可少的。它可以用来显示变量和数值，你可以根据它们来确认发生了什么，并且确定程序的问题所在。

一步一步来

我们建议写几行代码就运行一次，这样可以确保你不会出现莫名奇妙的错误。每一个耗时的程序都是逐行写出来的。把你的项目分成几段，你可以分开完成它们，这样你会获得许多的小成功而不是一堆错误。如果有的程序出现错误，尝试着隔离你觉得有问题的代码。试着把修复错误看成一个谜题或者拼图游戏。如果你被难住了或者沮丧了，休息一下，整理一下思路或者寻求朋友的帮助。有些时候，正确的答案就在你眼皮底下呢！

附录B　数据类型

数据被分为许多类型。例如一个ID卡的数据。卡中包含了存储重量、高度、生日、街道住址和邮编的数字信息。卡中也存储了一个人的名字和城市的文字信息。还有一个图片数据（照片），并且经常还有一个器官捐献选择项（包含了是/否两种决定）。在Processing中，我们拥有不同的数据类型来存储不同种类的数据。每种数据都在书中的前面部分都已仔细阐述了，这里是一个总结。

名字	描述	数据范围
int	整型（全部都是数字）	−2147483648~2147483647
float	浮点型数据	−3.40282347E+38~3.40282347E+38
boolean	逻辑型（布尔型）	true（真）或false（假）
char	单个字符	A~z、0~9或其他符号
String	字符串	任何字母、单词、句子等
PImage	PNG、JPG、GIF（图片格式）	N/A
PFont	使用Processing的Create Font函数；或者使用创造字体（Create Font）工具制作	N/A
PShape	SVG文件	N/A

一个提示是，一个浮点型（float）数字在十进制小数点后拥有4位的准确率。如果你想要计数或者用小步间距进行计算，你应该使用int数据类型来计数，然后当有需要时，可以将它转换成浮点型（float）数据来使用。

当然实际的数据结构不仅只有这些，但这些都是在使用Processing中最常用的数据类型。实际上，如第10章中提到的一样，因为每一个类（class）都是一种不一样的数据类型，所以我们可以拥有无限种数据类型。

附录C　操作的顺序

当一个程序执行数学运算时，每一个操作都按照一个预先设定好的顺序发生。这个操作的顺序是为了保证代码每次运行得到相同的结果。一些操作和数学运算或者代数没有什么区别，但程序设计中还有一些我们平时不太熟悉的运算操作。

在下面的表格中，排在上面的操作会在下面的操作之前运算（就是拥有更高的优先级）。因此，一个在括号中的运算将会最先被执行，而赋值运算则是最后被执行的。

名字	符号	示例
括号	()	a*(b+c)
后缀、一元运算符	++ -- !	a++ --b !c
乘法系	*/%	a*b
加法系	+-	a+b
关系运算	> < <= >=	if(a>b)
相等关系	== !=	if(a==b)
逻辑与	&&	if(mousePressed && (a>b))
逻辑或	||	If(mousePressed || (a>b))
赋值运算	= += -= *= /= %=	a=44

附录D 变量作用域

定义变量作用域的规则十分简单：一个被创造在一个代码块中的变量（就是被包含在一个{}中间的变量），它的生命周期仅存在于那个代码块之中。这意味着一个setup( )函数中创造的变量只能在setup( )代码块中使用，同样的道理，一个在draw( )函数中声明的变量只能在draw( )函数中被使用。但这条规则的例外是一个在setup( )函数、draw( )等函数外声明的变量（就是不在任何函数之内声明的，包括自定义的函数）。你可以认为在这些函数之外的是一个隐含的代码块。我们称这些变量为全局变量（global variable），因为它们可以在我们程序的任何地方被使用。我们将仅被用在一个单独的代码块中的变量叫作局部变量（local variable）。以下就用一系列代码的示例来更进一步地说明这些原则。第一个是：

```
int i = 12;   // 声明全局变量i并且赋值为12

void setup() {
  size(480, 320);
  int i = 24; // 声明局部变量i并且赋值为24
  println(i); // 在控制台显示24
}

void draw() {
  println(i); // 在控制台显示12
}
```

第二个是：

```
void setup() {
  size(480, 320);
  int i = 24; // 声明局部变量i并且赋值为24
}

void draw() {
  println(i); // 错误！变量i应在setup( )中
}
```